SolidWorks 项目化实例教程

主编◎吴任和　李胤昌　熊立贵

上海交通大学出版社
SHANGHAI JIAO TONG UNIVERSITY PRESS

内容提要

SolidWorks 作为目前设备制造企业和设计企业广泛使用的软件，它能让设计者快速地按照其设计思想绘制草图，运用各种特征生成模型和制作详细的工程图，其应用的参数化设计技术能够让设计者快速地进行设备的构图、修改和装配，而且，零件所做的任何更改都会反映到所有相关的工程图或装配体中。本书通过项目化实例对 SolidWorks 软件基础应用的相关知识和方法加以详细讲解，以图文对照方式进行编写，注重内容编排的系统性、全面性、科学性和实用性，内容重点突出，逻辑结构清晰，编排科学合理，注重提升学生的综合素质。

本书适合做高职院校学生的教材，也可供企业、研究机构从事 CAD/CAM 的专业人士学习使用。

图书在版编目（CIP）数据

SolidWorks 项目化实例教程 / 吴任和，李胤昌，熊立贵主编 . — 上海：上海交通大学出版社，2023.4

ISBN 978-7-313-28079-4

Ⅰ . ① S… Ⅱ . ① 吴… ② 李… ③ 熊… Ⅲ . ① 计算机辅助设计 – 应用软件 – 教材 Ⅳ . ① TP391.72

中国国家版本馆 CIP 数据核字（2023）第 030513 号

SolidWorks 项目化实例教程
SolidWorks XIANGMUHUA SHILI JIAOCHENG

主　　编：吴任和　李胤昌　熊立贵		地　　址：上海市番禺路 951 号	
出版发行：上海交通大学出版社		电　　话：6407 1208	
邮政编码：200030			
印　　制：北京荣玉印刷有限公司		经　　销：全国新华书店	
开　　本：889 mm × 1194 mm　1/16		印　　张：13.5	
字　　数：341 千字			
版　　次：2023 年 4 月第 1 版		印　　次：2023 年 4 月第 1 次印刷	
书　　号：ISBN 978-7-313-28079-4			
定　　价：52.00 元			

前　言

党的二十大报告指出，坚持把发展经济的着力点放在实体经济上，推进新型工业化，加快建设制造强国、质量强国、航天强国、交通强国、网络强国、数字中国，实施产业基础再造工程和重大技术装备攻关工程，支持专精特新企业发展，推动制造业高端化、智能化、绿色化发展。SolidWorks 的应用领域十分广泛，具有强大的功能和深厚的工程应用底蕴，本书就是一本通过项目化实例对 SolidWorks 应用进行详细讲解的教材。

SolidWorks 自从 1996 年引入中国以来，受到业界广泛好评，它能让设计师快速地按照其设计思想绘制草图，运用各种特征生成模型和制作详细的工程图，其应用的参数化设计技术能够让设计者快速地进行设备的构图、修改和装配，而且，零件所做的任何更改都会反映到所有相关的工程图或装配体中，是目前设备制造企业和设计企业广泛使用的软件。同时，高等院校也将 SolidWorks 用作机械设计和数字化设计教学中的首选软件，因此本书将以目前使用最广泛的 SolidWorks 2020 版本为基础进行讲解。

本书通过 8 个项目 32 个任务对 SolidWorks 软件基础应用的相关知识和方法加以详细讲解，以图文对照方式进行编写，注重内容编排的系统性、全面性、科学性和实用性，内容重点突出，逻辑结构清晰，编排科学合理。

本书注重引导学生坚定"四个自信"，树立"劳动最光荣、劳动最崇高、劳动最伟大、劳动最美丽"的新时代劳动价值观，以润物细无声的形式培养学生树立科学的世界观、价值观与人生观，将家国情怀、德技并修、感恩教育等融入各个项目，注重提升学生的综合素质，培养德、智双全的高技能技术人才。

本书是由高职院校与广州宇喜咨询科技有限公司合作开发的新形态教材，并由梁泽权担任本书的编辑顾问，既适合学生全面学习 SolidWorks 的基础知识并指导设计实践，也可供企业、研究机构从事 CAD/CAM 的专业人员使用。

课程建议学时为 48 学时，可根据读者学力调整，各任务分配学时如下表。

项目名	任务		课时分配	
项目 1 SolidWorks 软件入门	任务 1.1　认识 SolidWorks	0.5		1
	任务 1.2　熟悉 SolidWorks 的基本操作	0.5		
项目 2 草图绘制	任务 2.1　草图绘制工具	1		3
	任务 2.2　草图绘制实践	2		

项目名	任务		课时分配	
项目 3 非标准设备建模	任务 3.1	拉杆建模	1	13
	任务 3.2	支架套建模	1	
	任务 3.3	圆盘建模	2	
	任务 3.4	推盘建模	1	
	任务 3.5	刀夹建模	1	
	任务 3.6	多刃切削装置装配图	4	
	任务 3.7	圆盘零件工程图	3	
项目 4 典型零部件建模	任务 4.1	主轴建模	1	13
	任务 4.2	圆柱齿轮建模	2	
	任务 4.3	手轮建模	1	
	任务 4.4	基座铸件建模	1	
	任务 4.5	齿轮泵装配	3	
	任务 4.6	齿轮泵装配体工程图	3	
	任务 4.7	齿轮泵装配动画	2	
项目 5 异形件建模	任务 5.1	电话机壳建模	1	4
	任务 5.2	风扇叶建模	1	
	任务 5.3	锤头建模	1	
	任务 5.4	圆柱凸轮建模	1	
项目 6 钣金件建模	任务 6.1	槽扣钣金建模	2	4
	任务 6.2	机箱风扇支架钣金建模	2	
项目 7 曲面建模	任务 7.1	风扇叶曲面建模	1	6
	任务 7.2	装饰灯台建模	1	
	任务 7.3	可乐瓶建模	2	
	任务 7.4	企鹅公仔建模	2	
项目 8 其他设计	任务 8.1	方形座架焊件建模	1	4
	任务 8.2	电灯泡模型渲染	1	
	任务 8.3	篮球模型特写渲染	1	
	任务 8.4	夹具动画设计	1	

此外，本书还为广大一线教师提供了服务于本书的教学资源库，有需要者可致电 13810412048 或发邮件至 23973867076@qq.com。

目　录

项目 1

SolidWorks 软件入门

项目概述

本项目介绍了 SolidWorks 的基础知识和基本操作。通过学习本项目，将懂得如何合理设置工作环境，包括工具栏、快捷键、背景以及单位的设置；熟练视图的操作技巧，自由切换模型的各种显示方式。学习本项目的基本知识点，并融会贯通，会为后续的建模打下坚实的基础。

目标导航

知识目标

❶ 了解 SolidWorks 的发展历程。

❷ 熟悉 SolidWorks 2020 的用户界面，了解各模块的基本功能。

❸ 掌握各类视图显示方式的应用场合。

能力目标

❶ 能够新建模型文件、保存文件及退出软件。

❷ 能够设置合理的工作环境。

❸ 能够选择合适的视图显示方式。

素养目标

培养规范操作和一丝不苟的工作态度。

任务 1.1　认识 SolidWorks

任务描述

了解 SolidWorks 的发展历程，熟悉 SolidWorks 2020 的用户界面以及工作环境设置。

子任务 1.1.1　了解 SolidWorks 的发展历程

SolidWorks 是世界上第一个基于 Windows 开发的三维实体设计软件，该软件功能强大、组件繁多，能够提供不同的设计方案、减少设计过程中的错误以及提高产品质量，具有易学、易用和技术创新三大特点，是领先的、主流的三维 CAD 解决方案。在强大的设计功能和易学易用的操作协同下，使用 SolidWorks 进行产品设计的整个过程是百分之百可编辑的，零件设计、装配设计和工程图全是相关的。SolidWorks 资源管理器是同 Windows 资源管理器一样的 CAD 文件管理器，用它可以方便地管理 CAD 文件。SolidWorks 独有的拖拽功能，能够使用户在比较短的时间内完成大型装配设计，将高质量的产品更快地投放市场。

SolidWorks 自 2007 版开始，每个版本都会提供几种解决方案，如 SolidWorks Standard、SolidWorks Professional、SolidWorks Premium 等。SolidWorks 2020 在创新性、便捷性以及界面的人性化等方面都有加强，性能和质量也有大幅度提升，本书以 SolidWorks 2020 为例讲解 SolidWorks 在设计中的应用。

子任务 1.1.2　熟悉 SolidWorks 2020 的用户界面

1. 软件启动

双击 SolidWorks 2020 的图标 ，即可打开 SolidWorks 2020 的初始界面，如图 1-1-1 所示。用户可以选择新建一个文件或者打开已有的文件。

图 1-1-1　SolidWorks 2020 的初始界面

2. 新建文件

单击"新建"按钮 ，或者执行"文件"→"新建"命令，即可弹出"新建 SolidWorks 文件"对话框，如图 1-1-2 所示。用户有三种选择："零件" 、"装配体" 、"工程图" ，双击其中任意一个按钮即可进入相应的操作界面。

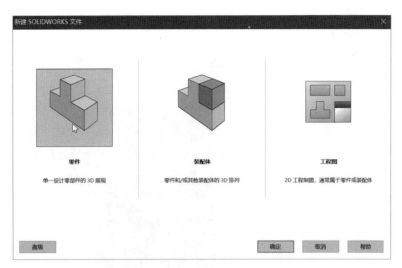

图 1-1-2　"新建 SolidWorks 文件"对话框

在 SolidWorks 2020 中，"新建 SolidWorks 文件"对话框有两个版本可供选择，一个是新手版本，一个是高级版本。

在如图 1-1-2 所示的新手版本的"新建 SolidWorks 文件"对话框中单击"高级"按钮 高级 ，即进入高级版本的"新建 SolidWorks 文件"对话框，如图 1-1-3 所示。高级版本在各个标签上显示模板图标的对话框，当选择某一文件类型时，模板预览出现在预览框中。

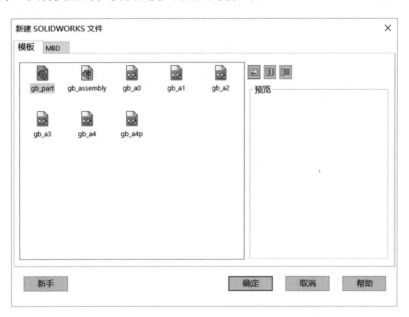

图 1-1-3　高级版本的"新建 SolidWorks 文件"对话框

3. 用户界面

SolidWorks 2020 的用户界面如图 1-1-4 所示，该界面主要由绘图区、搜索工具、帮助、工具栏、设计树、状态栏等构成。

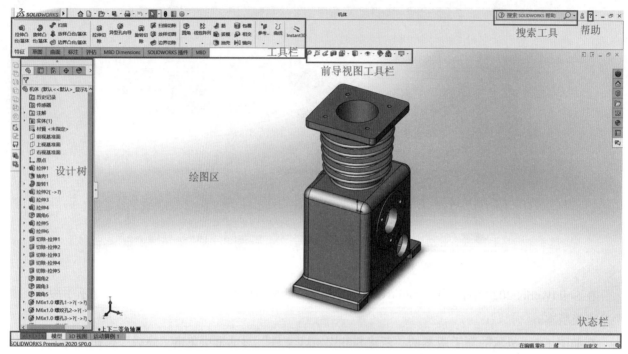

图 1-1-4　SolidWorks 2020 的用户界面

其中菜单栏一般都是隐藏的，将鼠标指针移动到 SolidWorks 图标 **ƵS SOLIDWORKS** 上或单击该图标，即可弹出菜单栏，如图 1-1-5 所示。鼠标指针移开，菜单栏会自动隐藏。如果希望菜单栏始终可见，单击菜单栏最右端的"图钉"图标 ✈ 即可，当图标变为钉住状态 ✈，菜单栏就不会再自动隐藏。

图 1-1-5　菜单栏

子任务 1.1.3　熟悉 SolidWorks 2020 的工作环境设置

1. 认识工具栏

工具栏在建模工作中是最常用到的，建模工具按照类别分别放置在各自的标签下。

如果单击"特征"标签，会显示"特征"工具栏，如图 1-1-6 所示，包括"拉伸凸台 / 基体""旋转凸台 / 基体"等工具。

图 1-1-6　"特征"工具栏

如果需要绘制草图，可以单击"草图"标签，这样工具栏显示出的就都是草图绘制工具，如图 1-1-7 所示。

图 1-1-7　"草图"工具栏

2. 设置工具栏

工具栏可以根据工作需要增减标签。只要将鼠标指针移动到任意一个标签上，右击即可弹出快捷菜单，移动鼠标指针到"选项卡"处，系统会弹出"选项卡"下拉列表，如图 1-1-8 所示。假设用户需要使用曲面工具，只要单击"选项卡"下拉列表中的"曲面"即可，这样工具栏就增加了一个曲面标签，相应的常用曲面建模工具就在此标签页下，"曲面"工具栏如图 1-1-9 所示。

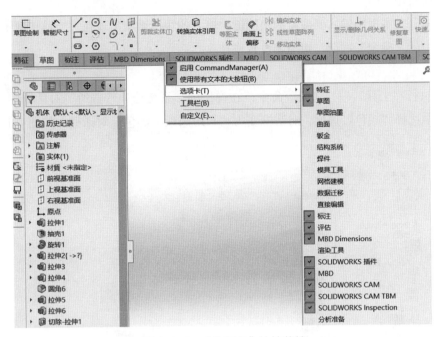

图 1-1-8　"选项卡"快捷菜单

图 1-1-9　"曲面"工具栏

3. 设置快捷键

SolidWorks 2020 提供了一些默认快捷键，利用这些快捷键能进一步提高工作效率。常用默认快捷键见表 1-1-1。

表 1-1-1　常用默认快捷键

快捷键	命令	快捷键	命令
S	快捷栏	Ctrl+1	前视
R	浏览最近文档	Ctrl+2	后视
G	放大选项	Ctrl+3	左视
F	整屏显示全图	Ctrl+4	右视
Ctrl+C	复制	Ctrl+5	上视
Ctrl+V	粘贴	Ctrl+6	下视
Ctrl+X	剪切	Ctrl+7	等轴测
Ctrl+Z	撤销	Ctrl+8	正视于
Enter	重复上一命令	Delete	删除

SolidWorks 2020 还允许用户通过自行设置快捷键的方式来执行命令，具体操作步骤如下。

（1）在菜单栏中执行"工具"→"自定义"命令，或者在工具栏区域右击，在弹出的快捷菜单中选择"自定义"命令，再在弹出的"自定义"对话框中选择对话框中的"键盘"选项卡。

（2）在"类别"下拉列表框中选择"文件"，然后在下面的"显示"下拉列表框中选择要设置快捷键的命令"带键盘快捷键的命令"。

（3）在"搜索"文本框中输入要搜索的快捷键，输入的快捷键就出现在"当前快捷键"选项中。

单击对话框中的"确定"按钮，快捷键设置成功。

4. 设置背景

在菜单栏中执行"工具"→"选项"命令，在弹出的"系统选项 – 普通"对话框的"系统选项"标签的左侧列表框中选择"颜色"选项，对话框变为"系统选项 – 颜色"对话框，如图 1-1-10 所示。

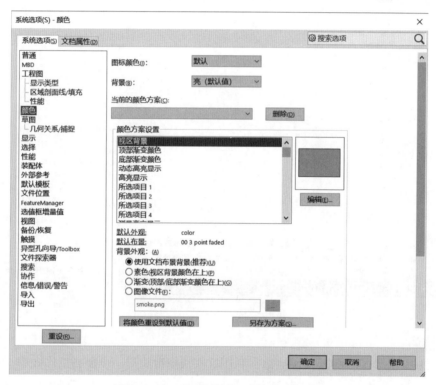

图 1-1-10 "系统选项 – 颜色"对话框

在"颜色方案设置"列表框中选择"视区背景"选项，然后单击"编辑"按钮，此时系统弹出"颜色"对话框，如图 1-1-11 所示，在其中选择设置的颜色，然后单击"确定"按钮。可以使用这种方式设置其他选项的颜色。

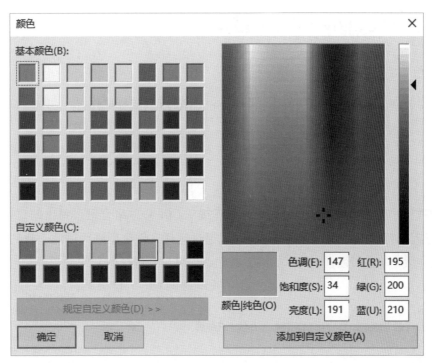

图 1-1-11　"颜色"对话框

单击"系统选项 – 颜色"对话框中的"确定"按钮，系统背景颜色就设置成功了。

5. 设置单位

在菜单栏中执行"工具"→"选项"命令，在弹出的"系统选项 – 普通"对话框中选择"文档属性"标签，然后在左侧列表框中选择"单位"选项，对话框变为"文档属性 – 单位"对话框，如图 1-1-12 所示。在"单位系统"中可以选择"MKS"、"CGS"、"MMGS"或者"IPS"选项，也可以选择"自定义"选项，详细定义各种类型的单位。

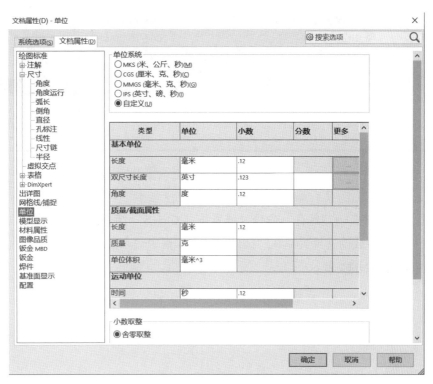

图 1-1-12　"文档属性 – 单位"对话框

任务 1.2　熟悉 SolidWorks 的基本操作

任务描述

能够进行文件管理，掌握各种视图操作，熟悉 SolidWorks 的鼠标操作。

子任务 1.2.1　文件管理

1. 打开文件

在菜单栏中执行"文件"→"打开"命令，或者按"Ctrl+O"组合键。弹出的"打开"对话框如图 1-2-1 所示。浏览需要打开的文件的所在目录，可以通过选择文件类型进行过滤，找到需要打开的文件，选择了需要的文件后，单击对话框中的"打开"按钮，即可打开选择的文件。

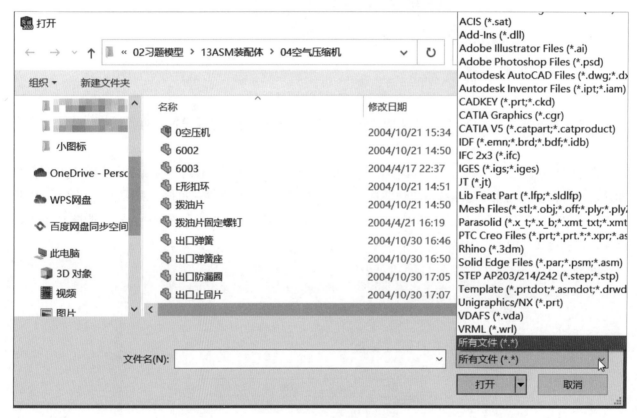

图 1-2-1　"打开"对话框

2. 保存文件

在菜单栏中执行"文件"→"保存"命令，或者按"Ctrl+S"组合键。弹出的"另存为"对话框如图 1-2-2 所示。选择文件存放的文件夹，在"文件名"文本框中输入要保存的文件名称，在"保存类型"下拉列表框中选择保存文件的类型。

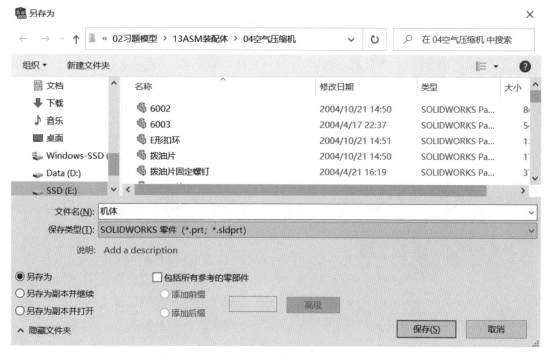

图 1-2-2　"另存为"对话框

3. 退出 SolidWorks 2020

在文件编辑并保存完成后，在菜单栏中执行"文件"→"退出"命令，或者单击用户界面右上角的"退出"按钮可以直接退出软件。如果对文件进行了编辑而没有保存，或者在操作过程中不小心执行了"退出"命令，在退出时会弹出系统提示框，如图 1-2-3 所示。

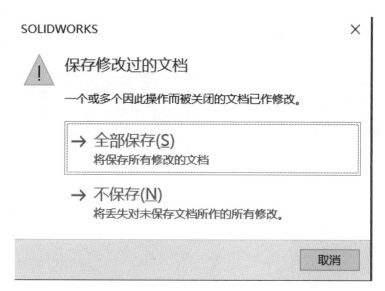

图 1-2-3　系统提示框

子任务 1.2.2　视图操作

在利用 SolidWorks 进行三维建模的过程中，视图操作是很重要的一部分。在菜单栏中执行"视图"→"工具栏"→"视图（前导）"命令，调出"视图（前导）"工具栏，如图 1-2-4 所示，可以利用其中的工具进行视图操作。

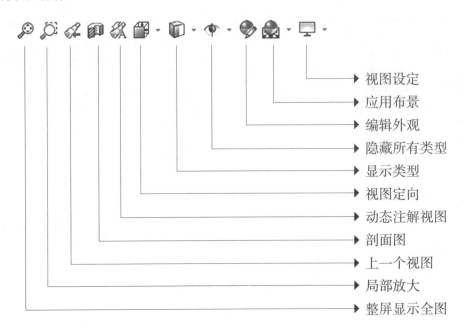

图 1-2-4 "视图（前导）"工具栏

视图设定
应用布景
编辑外观
隐藏所有类型
显示类型
视图定向
动态注解视图
剖面图
上一个视图
局部放大
整屏显示全图

1. 整屏显示全图

"整屏显示全图"能将模型整体完整地且尽可能大地显示在屏幕中，这种显示方式可用于查看模型建模的整体情况。

2. 局部放大

"局部放大"由用户通过拖动鼠标选定一个区域，如图 1-2-5（a）所示，然后 SolidWorks 对选定的区域全屏显示，如图 1-2-5（b）所示。这种显示方式可用于观察模型细节。

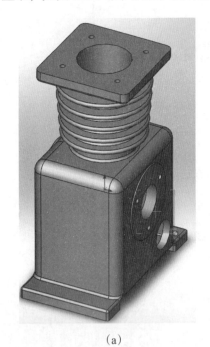
（a）

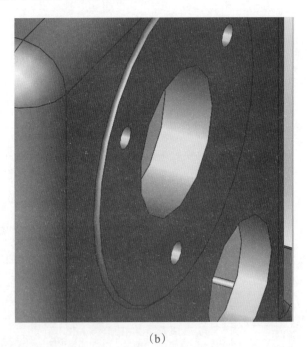
（b）

图 1-2-5 局部放大

（a）选定一个区域；（b）对选定的区域全屏显示

3. 上一个视图

"上一个视图"就是恢复当前视图操作前的状态。

4. 剖面图

"剖面图"能够根据用户制定的平面显示出剖切的效果，如图 1-2-6 所示。这种显示方式可用于检查模型的内部细节。

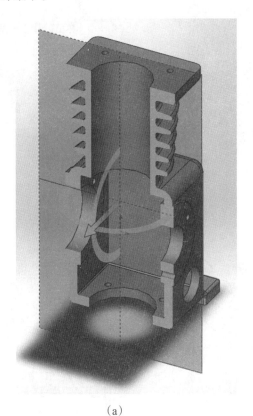
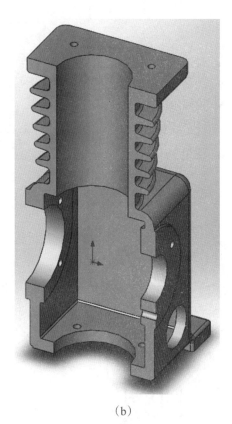

（a）　　　　　　　　　　　　　（b）

图 1-2-6　剖面图

（a）选择剖切面；（b）按选择的剖切面显示剖面图

5. 动态注解视图

"动态注解视图"仅显示与模型方向垂直的注解视图。旋转模型时，不再垂直的注解逐渐消失，而其他注解在接近垂直时出现。

6. 视图定向

"视图定向"就是按照用户制定的视角方向来显示模型，SolidWorks 提供的各种视图视角如图 1-2-7 所示。

7. 显示类型

"显示类型"就是按照不同的活动视图显示样式来显示模型，活动视图显示样式及各种显示样式效果如图 1-2-8 所示。

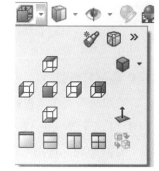

图 1-2-7　各种视图视角

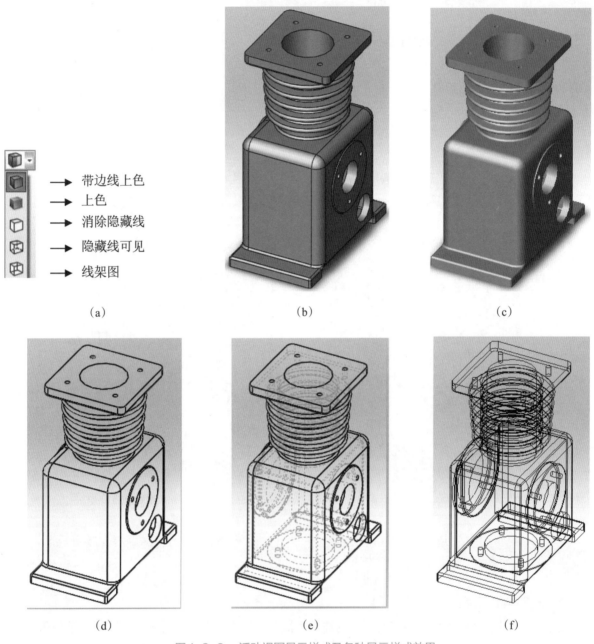

图 1-2-8　活动视图显示样式及各种显示样式效果

（a）活动视图显示样式；（b）带边线上色效果；（c）上色效果；（d）消除隐藏线效果；

（e）隐藏线可见效果；（f）线架图效果

8. 隐藏所有类型

"隐藏所有类型"控制所有类型的可见性。

9. 编辑外观

"编辑外观"可用来编辑模型的颜色、材质、光学属性和背景，如图 1-2-9 所示。"编辑外观"一般用于建模完成后模型的美化处理。

图 1-2-9　编辑外观

10. 应用布景

"应用布景"主要用于选择软件操作的背景。

11. 视图设定

"视图设定"能提供四种特殊视图："上色模式中的阴影""环境封闭""透视图""卡通"，如图 1-2-10 所示。

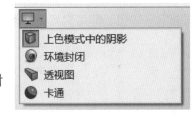

图 1-2-10　视图设定

子任务 1.2.3　SolidWorks 的鼠标操作

SolidWorks 的鼠标操作和 Windows 操作系统差不多，也是主要有单击、双击、右击和拖动等操作方式。其中需要说明的是几种关于视图的操作：在视图空白处按住鼠标左键拖动即可旋转视图，此时鼠标显示为 ↻；在视图空白处按住鼠标左键拖动同时按"Ctrl"键即可平移视图，此时鼠标显示为 ✥；直接滚动鼠标中间的滚轮即可缩放视图。

SolidWorks 利用鼠标操作时，经常出现两种菜单，即"关联菜单"和"快捷菜单"。在单击某对象时，会显示出"关联菜单"；在右击某对象时，会同时显示"关联菜单"和"快捷菜单"，两种鼠标操作显示的菜单如图 1-2-11 所示。

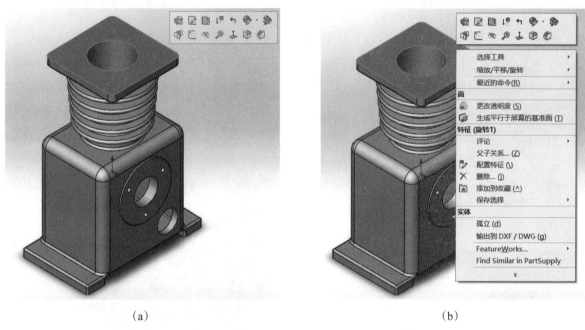

（a） （b）

图 1-2-11 两种鼠标操作显示的菜单

（a）单击对象显示"关联菜单"；（b）右击对象显示"关联菜单"和"快捷菜单"

此外，SolidWorks 还提供了一种很特殊的鼠标操作方式——鼠标笔势。鼠标笔势就是按住右键拖动，从而显示快捷工具的一种操作方式。如果要用鼠标笔势，在工具栏处右击调出快捷菜单，单击"自定义"，在弹出的"自定义"对话框中单击"鼠标笔势"标签，勾选"启用鼠标笔势"，再选择"8 笔势"，单击"确定"按钮，即可启用鼠标笔势，如图 1-2-12 所示。

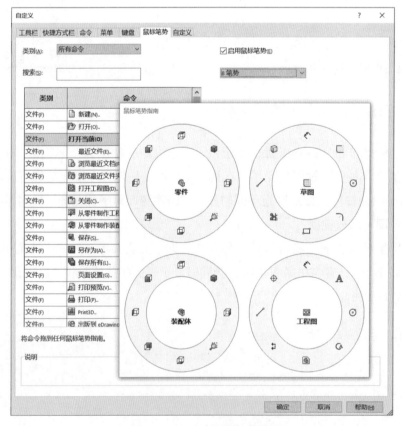

图 1-2-12 启用鼠标笔势

鼠标笔势能根据用户所在环境自动更换相应的快捷工具，如图 1-2-13 所示，这是一种十分高效、便捷的操作方法。

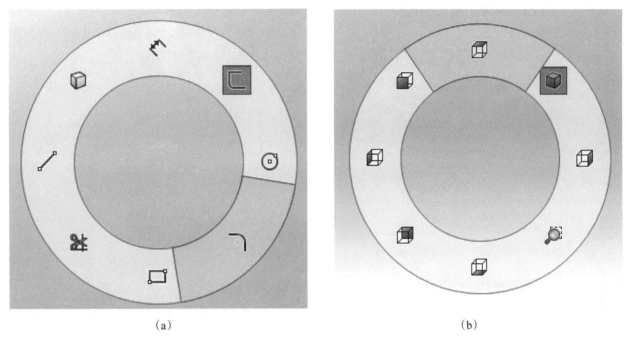

（a）　　　　　　　　　　　　　　　　（b）

图 1-2-13　鼠标笔势根据用户所在环境自动更换相应的快捷工具

（a）草图绘制中的鼠标笔势；（b）特征操作中的鼠标笔势

拓展阅读

陆新海：醉心于技术的"最美劳动者"

陆新海，2001 年进入江苏维达机械有限公司，全面负责挤出成型类及非标产品类的技术工作。他参与设计开发的 SJ120-33、SJ65-33、SJPF800PET 三层共挤片材生产线，被评为张家港市"讲理想、比贡献"科技进步"双杯奖"优秀项目；参与开发的 PP 中空格子板生产线，获得两项发明专利；参与研发的阶梯深度螺纹槽结构的高速高效单螺杆挤出机，被认定为高新技术产品；累计发明专利 12 项，实用新型专利 10 项。他所撰写的"关于 G-A-G 三层复合 PET 片材生产线的可行性报告"，于 2006 年申报国家火炬计划项目（2006GH040437），并获得江苏省张家港市 2008 年颁发的科学技术进步奖一等奖。

陆新海利用业余时间参加了全国 CAD 应用培训网络工程中心的 CAD 高级培训课程，系统地学习了 SolidWorks 三维软件，并应用到工作当中。他和张家港市民扬科技合作开发了环保型高强度高透明度 PET 挤出厚板生产线，填补了国内 3 ～ 4mm 高透明度 PET 厚板生产线的技术空缺。

陆新海主持开发的自动上料高精度 PTFE 膜基片成型生产线，被认定为高新技术产品。他还根据之前的经验，成功研制出了 100/120 免干燥 PET 单螺杆强制排气挤出机，在国内采用排气单螺杆挤出 PET 的领域处于领先地位。随着国家对生态环境的重视程度越来越高，用于空气过滤的 PTFE 短纤及长纤的爆炸式增长，基片设备的产量要求越来越大，陆新海为此开发了全自动上料及毛坯预压机，集合之前的设备实现了自动化的目的，推动了 PTFE 长短纤制造行业的自动化进程。

（资料来源：中工网，有删改）

项目 2

草图绘制

项目概述

草图是用于生成特征的，因此草图绘制是三维建模的必要及重要部分，也是实体能否正常生成的重要基础。本项目通过介绍草图绘制工具，以简单草图和复杂草图的绘制作为实践任务，帮助学生熟练并掌握草图绘制技能。

目标导航

知识目标

❶ 了解草图的几何关系执行的实体以及所产生的几何关系。

❷ 理解草图编辑工具的应用场景及要求。

❸ 掌握尺寸标注及几何关系的添加等操作方法及步骤。

能力目标

❶ 掌握草图进入、编辑和退出等的操作方法。

❷ 掌握直线、圆弧、矩形、直槽口等草图工具的操作方法，并灵活应用。

❸ 掌握剪裁、延伸、镜向和线性阵列等草图编辑操作方法。

素养目标

培养认真负责的工作态度和一丝不苟的工作作风。

任务 2.1　草图绘制工具

任务描述

在熟悉 SolidWorks 2020 用户界面的基础上，在本任务中完全成"草图"控制面板、草图轮廓的建立、草图编辑工具的使用、尺寸标注、几何关系的添加以及草图状态的学习，以便后期能够高效地进行草图的绘制。

子任务 2.1.1　熟悉"草图"控制面板

绘制草图就是绘制由二维几何元素构成的二维轮廓线，典型的二维几何元素有直线、圆弧、圆和椭圆。

绘制草图是一个动态的过程，光标的反馈使这个过程变得更加容易。在创建草图前，必须选择一个草图平面作为绘图基准面。系统默认提供的三个基准面，如图 2-1-1 所示，分别是前视基准面、上视基准面和右视基准面。

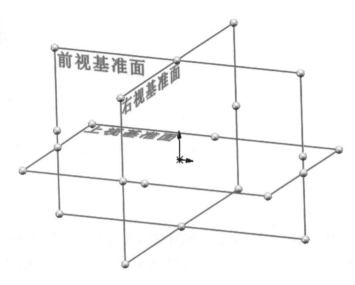

图 2-1-1　系统默认提供的基准面

1. 进入与退出草图绘制

单击"新建"按钮 ▯ ，新建一个零件文件，进入零件绘制界面。在特征管理区中选择要绘制的基准面，如图 2-1-2 所示，选择"上视基准面"为草图绘制基准面。执行"插入"→"草图绘制"命令，或者单击"草图"工具栏的"草图绘制"按钮 ▭ ，进入草图绘制状态。绘图区右上角有"确认角"，如图 2-1-3 所示。当完成草图绘制后，单击"确认角"的"退出草图"按钮 ↳ 即可退出草图，或者双击绘图区的空白区域确认并退出当前草图；若单击 ✖ 则会弹出系统提示框，提示用户是否保存对草图的修改，然后根据需要单击其中的按钮，退出草图绘制状态。

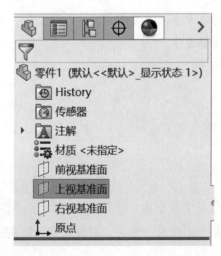

图 2-1-2　选择"上视基准面"为草图绘制基准面

图 2-1-3　确认角

第一次进入草图绘制时，SolidWorks 会自动将绘图基准面旋转到与屏幕平行的位置，即正视于屏幕，而后续进入草图绘制则不会自动旋转，必须自行按"Ctrl+8"组合键来正视于屏幕。

2. 捕捉点与推理线

"草图"工具栏中列举了大部分常用的草图绘制工具，直接单击相应图标即可执行命令。同时，草图绘制时系统会自动捕捉各类点、线以及相应的推理线。

（1）捕捉点和捕捉线。捕捉点功能是指在绘图中通过捕捉或跟踪图素中各种类型点，从而实现快速绘图。捕捉点的使用和操作方法非常简单，只要在绘图过程中将光标移动到图素上，系统将根据光标位置自动捕捉与捕捉点项相吻合的点。

在绘图前可以预先设置好捕捉点功能，这样在绘图过程中就可以自动捕捉各种类型的捕捉点。在菜单栏中执行"工具"→"选项"命令，在弹出的"系统选项"对话框中选择"几何关系/捕捉"选项，再选择所需要捕捉的对象即可。捕捉线与捕捉点同理。

（2）推理线。草图绘制过程中，系统自动捕捉光标位置与草图里现有的点、线或面之间的几何关系，并使用虚线显示出来，这条虚线即推理线，如图 2-1-4 所示。在显示推理线的地方单击，系统会自动添加此处元素之间的几何关系，包括平行、垂直、相切和同心等。需要注意的是，一些推理线会捕捉到确切的几何关系，而其他的推理线则只是简单作为草图绘制过程中的指引线或参考线来使用。

3. 绘图光标与锁点光标

在绘制或编辑草图实体时，光标会根据所执行的命令变为相应的图标，以方便用户了解绘制或者编辑该类型的草图，绘图光标如图 2-1-5 所示。

光标在相应的位置会变成相应的图形，成为锁点光标，如图 2-1-6 所示。锁点光标可在草图实体上形成，也可在特征实体上形成。

图 2-1-4　推理线　　　　　　　图 2-1-5　绘图光标　　　　　　　图 2-1-6　锁点光标

子任务 2.1.2　学会建立草图轮廓

1. 绘制点与直线

在草图绘制状态下，在菜单栏中执行"工具"→"草图绘制实体"→"点"命令，或者单击"草图"工具栏的"点"按钮 ■，在光标变为绘图光标后即可绘制点。执行点命令后，在绘图区的任何位置都可以绘制点，绘制的点不影响三维建模的外形，只起到参考作用。执行"异型孔向导"命令后，点命令用于决定产生孔的数量。点命令可以生成草图中两条不平行线段的交点以及特征实体中两个不平行边缘的交点，产生的交点作为辅助图形，用于标注尺寸或添加几何关系，并不影响实体模型的建立。

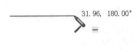

图 2-1-7　绘制水平直线

绘制直线的方式有两种：拖动式和单击式。拖动式就是在绘制直线的起点按住鼠标左键开始拖动鼠标，直到直线终点放开；单击式就是在绘制直线的起点处单击，然后在直线终点处单击，但这两种方式都是通过确定两点位置创建一条线。直线分为三种类型：水平直线、竖直直线和任意角度直线。在绘制直线过程中，不同类型的直线锁点光标附近显示的图标不同，绘制水平直线如图 2-1-7 所示。绘制中心线的方法与绘制直线的方法相同。

💡 特 别 提 示

执行直线命令时，画完一条直线后，可以快速双击，结束此条直线的绘制。但是直线命令仍然生效，可以继续绘制另一条直线。

2. 绘制圆与圆弧

在草图绘制状态下，在菜单栏中执行"工具"→"草图绘制实体"→"圆"命令，或者单击"草图"工具栏的"圆"按钮 ⊙，在光标变为绘图光标后即可绘制圆。执行圆命令后，系统弹出"圆"属性管理器，从属性管理器中可以知道能通过两种方式来绘制圆：一种是绘制基于中心的圆；另一种是绘制基于周边的圆。基于中心的圆的绘制过程如图 2-1-8 所示。

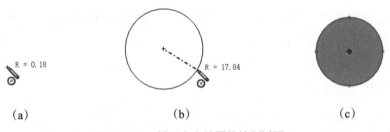

(a)　　　　　　　　　　(b)　　　　　　　　　　(c)

图 2-1-8　基于中心的圆的绘制过程

(a) 确定圆心；(b) 确定半径；(c) 确定圆

绘制圆弧的方法主要有四种：圆心/起/终点画弧、切线弧、三点圆弧和"直线"命令绘制圆弧。用"圆心/起/终点"方法绘制圆弧的过程如图 2-1-9 所示，用"切线弧"方法绘制圆弧的过程如图 2-1-10 所示，用"三点圆弧"方法绘制圆弧的过程如图 2-1-11 所示，确定好圆弧的形状后，单击"圆弧"属性管理器中的"确定"按钮 ✔，完成圆弧的绘制。

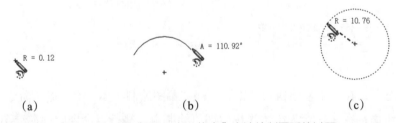

(a)　　　　　　　　　　(b)　　　　　　　　　　(c)

图 2-1-9　用"圆心/起/终点"方法绘制圆弧的过程

(a) 单击"圆心/起/终点画弧"按钮 ⊙，在绘图区单击确定圆弧圆心；

(b) 单击确定起点；(c) 拖动光标确定圆弧的形状，单击确定终点

图 2-1-10   用"切线弧"方法绘制圆弧的过程

(a) 单击"切线弧"按钮 ，在直线端点处单击；(b) 拖动光标确定圆弧的形状，单击确定终点

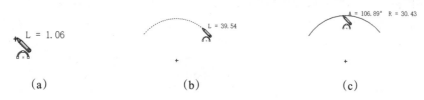

图 2-1-11   用"三点圆弧"方法绘制圆弧的过程

(a) 单击"三点圆弧"按钮 ，在绘图区单击确定圆弧起点；(b) 单击确定终点；

(c) 拖动光标确定圆弧的形状，单击确定中间点

　　"直线"命令除了可以绘制直线外，还可以绘制圆弧。首先绘制一条直线，在不结束直线命令的情况下，将光标稍微向旁边拖动，然后将光标拖回至直线的终点，如图 2-1-12 所示。将光标往此处的切线方向移动，拖动光标到合适的位置，单击确定圆弧的大小，如图 2-1-13 所示。

图 2-1-12   将光标拖回至直线的终点　　　图 2-1-13   确定圆弧的大小

3. 绘制矩形与多边形

　　绘制矩形的方法有五种：边角矩形、中心矩形、三点边角矩形、三点中心矩形以及平行四边形。在草图绘制状态下，单击"草图"工具栏绘制矩形的相应按钮（边角矩形 、中心矩形 、三点边角矩形 、三点中心矩形 以及平行四边形 ），在绘图区单击确定矩形的角点或中心点，即可绘制矩形。边角矩形的绘制过程如图 2-1-14 所示，中心矩形的绘制过程如图 2-1-15 所示，平行四边形的绘制过程如图 2-1-16 所示。

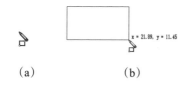

(a)　　　　　　(b)

图 2-1-14   边角矩形的绘制过程

(a) 单击确定矩形的一个角点；

(b) 单击确定矩形的另一个角点

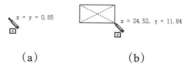

(a)　　　　　　(b)

图 2-1-15   中心矩形的绘制过程

(a) 单击确定矩形的中心点；

(b) 单击确定矩形的一个角点

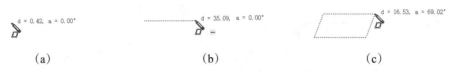

(a)   (b)   (c)

图 2-1-16   平行四边形的绘制过程

（a）单击确定矩形的第一个点；（b）单击确定矩形的第二个点；（c）单击确定矩形的第三个点

4. 绘制椭圆与抛物线

椭圆是由中心点、长轴长度与短轴长度确定的，三者缺一不可，椭圆的绘制过程如图 2-1-17 所示。

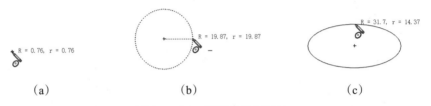

(a)   (b)   (c)

图 2-1-17   椭圆的绘制过程

（a）单击"椭圆"按钮，在绘图区单击确定椭圆的中心；（b）单击确定椭圆的长半轴；（c）单击确定椭圆的短半轴

绘制抛物线要先确定抛物线的焦点，然后确定抛物线的焦距，最后确定抛物线的起点和终点，抛物线的绘制过程如图 2-1-18 所示。

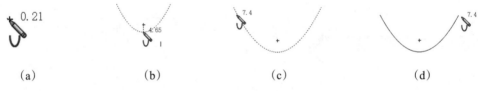

(a)   (b)   (c)   (d)

图 2-1-18   抛物线的绘制过程

（a）单击"抛物线"按钮，在绘图区单击确定抛物线的焦点；（b）单击确定抛物线的焦距；（c）单击确定抛物线的起点；
（d）单击确定抛物线的终点

5. 绘制样条曲线

SolidWorks 2020 提供了强大的样条曲线绘制功能。绘制样条曲线至少需要两个点，并且可在端点指定相切，样条曲线的绘制过程如图 2-1-19 所示。

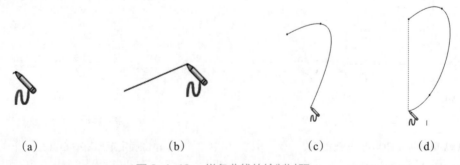

(a)   (b)   (c)   (d)

图 2-1-19   样条曲线的绘制过程

（a）单击"样条曲线"按钮，在绘图区单击确定样条曲线的起点；（b）单击确定第样条曲线的第二点；
（c）单击确定样条曲线的第三点；（d）单击确定样条曲线的其他点

样条曲线绘制完毕后，可通过以下方式对其进行编辑和修改。

1）修改

选择要修改的样条曲线，此时样条曲线上会出现点，按住鼠标左键拖动这些点就能修改样条曲线；选择样条曲线上点的切向箭头，可以给该点的切线方向添加几何关系。

2）插入和删除样条曲线型值点

样条曲线端点以外的点称作型值点。样条曲线绘制完成后，还可以插入一些型值点，改变曲线形状，插入样条曲线型值点的过程如图 2-1-20 所示。

若要删除样条曲线上的型值点，则单击要删除的点，然后按"Delete"键即可。

图 2-1-20　插入样条曲线型值点的过程

（a）右击样条曲线；（b）在弹出的快捷菜单中选择"插入样条曲线型值点"命令；（c）在需要添加型值点的位置单击

6.绘制草图文字

草图文字可在零件特征面上添加，用于拉伸和切除文字，形成立体效果。文字可以添加在任何连续曲线或边线组中，包括由直线、圆弧或样条曲线组成的圆或轮廓。在草图绘制状态下，在菜单栏中执行"工具"→"草图绘制实体"→"文本"命令，或者单击"草图"工具栏的"文本"按钮 A，系统弹出"草图文字"属性管理器；在绘图区中选择一边线、曲线、草图或草图线段，作为绘制文字草图的定位线，此时所选择的边线会在"草图文字"属性管理器的"曲线"选项组中显示；在"草图文字"属性管理器的"文字"文本框中输入要添加的文字，添加的文字会显示在绘图区的曲线上；如果不需要系统默认的字体，取消选中"使用文档字体"复选框，单击"字体"按钮，在系统弹出的"选择字体"对话框中设置字体，单击"选择字体"对话框中的"确定"，然后单击"草图文字"属性管理器中的"确定"按钮 ✓，即可完成草图文字的绘制。草图文字的绘制过程如图 2-1-21 所示。

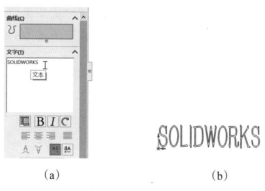

图 2-1-21　草图文字的绘制过程

（a）在"草图文字"属性管理器"文字"文本框中输入文字；（b）绘制的草图文字

子任务 2.1.3 认识草图编辑工具

1. 绘制圆角与绘制倒角

"绘制圆角"工具是将两个草图实体的交叉处剪裁掉角部，生成一个与两个草图实体都相切的圆弧。绘制一个矩形，在草图编辑状态下，在菜单栏中执行"工具"→"草图工具"→"圆角"命令，或者单击"草图"工具栏的"绘制圆角"按钮 ，此时系统弹出"绘制圆角"属性管理器，可以设置圆角的半径，设置好"绘制圆角"属性管理器后，选择矩形的四个端点，单击"绘制圆角"属性管理器中的"确定"按钮，完成圆角的绘制，圆角的绘制过程如图 2-1-22 所示。

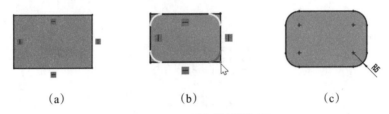

(a)　　　　　　　(b)　　　　　　　(c)

图 2-1-22　圆角的绘制过程

(a) 绘制圆角前的图形；(b) 选择四个端点；(c) 绘制圆角后的图形

"绘制倒角"工具 是将倒角应用到相邻的草图实体中，此工具在二维草图和三维草图中均可使用，倒角的绘制方法与圆角的绘制方法相同，倒角的绘制过程如图 2-1-23 所示。

(a)　　　　　　　(b)　　　　　　　(c)

图 2-1-23　倒角的绘制过程

(a) 绘制倒角前的图形；(b) 选择要倒角的两条边；(c) 绘制倒角后的图形

2. 等距实体与转换实体引用

"等距实体"工具是按特定的距离等距一个或多个草图实体、所选模型边线、模型面。在草图绘制状态下，在菜单栏中执行"工具"→"草图工具"→"等距实体"命令，或者单击"草图"工具栏的"等距实体"按钮 ，系统弹出"等距实体"属性管理器，按照实际需要进行设置，单击选择要等距的实体对象，单击"等距实体"属性管理器中的"确定"按钮，完成等距实体的绘制，等距实体的绘制过程如图 2-1-24 所示。

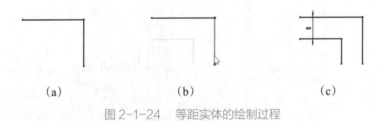

(a)　　　　　　　(b)　　　　　　　(c)

图 2-1-24　等距实体的绘制过程

(a) 绘制等距实体前的图形；(b) 选择要等距的边；(c) 绘制等距实体后的图形

"转换实体引用"是通过已有的模型或草图,将其边线、环、面、曲线、外部草图轮廓线、一组边线或一组草图曲线投影到草图基准面上。通过这种方式,可在草图基准面上生成一个或多个草图实体。使用该命令时,如果引用的实体发生更改,那么转换的草图实体也会相应地改变。绘制一个模型或草图,在特征管理器的树状目录中,选择要添加草图的基准面,然后单击"草图"工具栏的"草图绘制"按钮,进入草图绘制状态,选择要投影的边线等,在菜单栏中执行"工具"→"草图工具"→"转换实体引用"命令,或者单击"草图"工具栏的"转换实体引用"按钮🗄,执行转换实体引用命令,退出草图绘制状态,转换实体引用过程如图 2-1-25 所示。

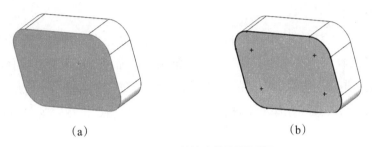

(a)   (b)

图 2-1-25　转换实体引用过程

(a)转换实体引用前的图形;(b)转换实体引用后的图形

3. 草图剪裁与草图延伸

"草图剪裁"是常用的草图编辑命令,根据剪裁的草图实体的不同,可以选择不同的剪裁模式。

(1)强劲剪裁:通过将光标拖过的每个草图实体来剪裁草图实体,如图 2-1-26(a)所示。

(2)边角:剪裁两个草图实体,直到它们在虚拟边角处相交,如图 2-1-26(b)所示。

(3)在内剪除:选择两个边界实体,然后选择要裁剪的实体,剪裁位于两个边界实体外的草图实体,如图 2-1-26(c)所示。

(4)在外剪除:剪裁位于两个边界实体内的草图实体,如图 2-1-26(d)所示。

(5)剪裁到最近端:将一草图实体裁剪到最近端交叉实体,如图 2-1-26(e)所示。

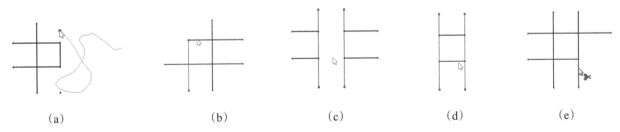

(a)   (b)   (c)   (d)   (e)

图 2-1-26　不同的剪裁模式

(a)强劲剪裁;(b)边角;(c)在内剪除;(d)在外剪除;(e)剪裁到最近端

绘制一个草图,在草图编辑状态下,在菜单栏中执行"工具"→"草图工具"→"剪裁"命令,或者单击"草图"工具栏的"剪裁实体"按钮✂,系统弹出"剪裁"属性管理器,在"剪裁"属性管理器中选择一种剪裁模式,单击草图进行剪裁,单击"剪裁"属性管理器中的"确定"按钮,完成草图实体的剪裁。

"草图延伸"可将草图实体延伸至另一个草图实体,绘制草图,在草图编辑状态下,在菜单栏中执行"工具"→"草图工具"→"延伸"命令,或者单击"草图"工具栏的"延伸实体"按钮⊤,进入草图延伸状态,单击草图延伸实体,按"Esc"键,退出延伸实体状态,草图延伸的过程如图 2-1-27 所示。

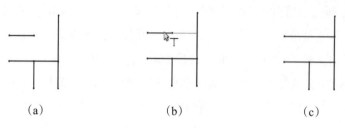

图 2-1-27　草图延伸的过程

（a）草图延伸前的图形；（b）选择延伸的边；（c）草图延伸后的图形

4. 分割草图与镜向草图

"分割草图"是将一个连续的草图实体分割为两个草图实体，以便进行其他操作。在草图编辑状态下，在菜单栏中执行"工具"→"草图工具"→"分割实体"命令，进入分割实体状态，单击草图添加分割点，按"Esc"键，退出分割实体状态，分割草图的过程如图 2-1-28 所示。反之，也可以删除一个分割点，将两个草图实体合并成一个单一草图实体，单击选中分割点，然后按"Delete"键即可。

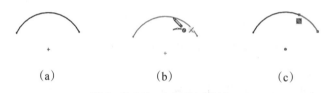

图 2-1-28　分割草图的过程

（a）分割草图前的图形；（b）添加分割点；（c）分割草图后的图形

绘制对称的图形可以使用"镜向实体"命令来实现，在 SolidWorks 2020 中，镜向点可以是任意类型的直线。在草图编辑状态下，在菜单栏中执行"工具"→"草图工具"→"镜向"命令，或者单击"草图"工具栏的"镜向实体"按钮ⵌ，可以镜向草图，镜向草图的过程如图 2-1-29 所示。

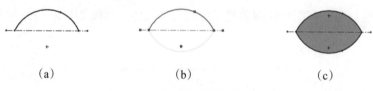

图 2-1-29　镜向草图的过程

（a）镜像草图前的图形；（b）选择要镜向的边；（c）镜像草图后的图形

5. 线性草图阵列与圆周草图阵列

"线性草图阵列"是将草图实体沿一个或两个轴复制生成多个排列图形。在草图编辑状态下，在菜单栏中执行"工具"→"草图工具"→"线性阵列"命令，或者单击"草图"工具栏的"线性草图阵列"按钮ⵌ，可以线性阵列草图，线性草图阵列的过程如图 2-1-30 所示。

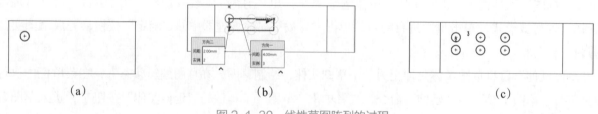

图 2-1-30　线性草图阵列的过程

（a）线性草图阵列前的图形；（b）选择要阵列的对象；（c）线性草图阵列后的图形

"圆周草图阵列"是指将草图实体沿一个指定大小的圆弧进行环状阵列。在草图编辑状态下，在菜单栏中执行"工具"→"草图工具"→"圆周阵列"命令，或者单击"草图"工具栏的"圆周草图阵列"按钮 ，可以圆周阵列草图，圆周草图阵列的过程如图 2-1-31 所示。

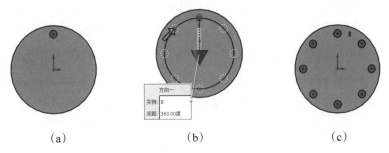

图 2-1-31　圆周草图阵列的过程

（a）圆周草图阵列前的图形；（b）选择要阵列的对象；（c）圆周草图阵列后的图形

子任务 2.1.4　尺寸标注

SolidWorks 2020 是一种尺寸驱动式系统，用户可以指定尺寸及各实体间的几何关系，更改尺寸可以改变零件的尺寸和形状。执行"工具"→"选项"命令，在弹出的"文档属性"对话框中选择"单位"选项，再选择"MMGS（毫米、克、秒）"即可设定尺寸的国标单位。

1. 线性尺寸的标注

线性尺寸用于标注直线段的长度或两个几何元素间的距离。直线标注的操作步骤：单击"草图"工具栏的"智能尺寸"按钮 ，单击要标注的直线，将尺寸线移动到适当的位置后单击，固定尺寸线，系统弹出"修改"对话框，输入要标注的尺寸值，在"修改"对话框中输入直线的长度，单击"确定"按钮，完成标注。距离标注的操作步骤：单击"草图"工具栏的"智能尺寸"按钮，单击选择第一个几何元素，在标注尺寸线出现后继续单击选择第二个几何元素，移动光标到合适的位置，单击标注尺寸线，将尺寸线固定下来，在弹出的"修改"对话框中输入两个几何元素间的距离，单击"确定"按钮，完成标注。线性尺寸的标注如图 2-1-32 所示。

2. 直径和半径尺寸的标注

利用"智能尺寸"单击圆即可标注直径尺寸，单击圆弧即可标注半径尺寸，直径和半径尺寸的标注如图 2-1-33 所示。

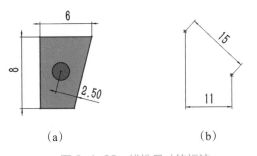

图 2-1-32　线性尺寸的标注

（a）直线标注；（b）距离标注

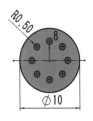

图 2-1-33　直径和半径尺寸的标注

3. 角度尺寸的标注

角度尺寸的标注用于标注两条直线的夹角或圆弧的圆心角。两条直线的夹角尺寸标注步骤：单击"草图"工具栏的"智能尺寸"按钮，单击选择第一条直线，标注尺寸线出现，继续单击选择第二条直线，在"修改"对话框中输入夹角的角度值，单击"确定"按钮，完成标注。圆弧的圆心角尺寸标注步骤：单击"草图"工具栏的"智能尺寸"按钮，单击选择圆弧的一个端点，继续单击选择圆弧的另一个端点，此时标注尺寸线显示这两个端点间的距离，单击选择圆心点，此时标注尺寸线现实圆弧两个端点间的圆心角，将尺寸线移到适当的位置后，单击将尺寸线固定下来，标注圆弧的圆心角，在"修改"对话框中输入圆弧的角度值，单击"确定"按钮，完成标注。角度尺寸的标注如图 2-1-34 所示。

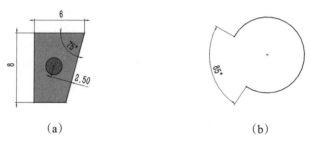

（a）　　　　　　　　　　　　　　　　（b）

图 2-1-34　角度尺寸的标注

（a）两条直线的夹角尺寸标注；（b）圆弧的圆心角尺寸标注

子任务 2.1.5　添加几何关系

几何关系为草图实体之间或草图实体与基准面、基准轴、边线或顶点之间的几何约束，几何关系说明见表 2-1-1。

表 2-1-1　几何关系说明

几何关系	要执行的实体	所产生的几何关系
水平或竖直	一条或多条直线，两个或多个点	直线会变成水平或竖直，点则会变成水平或竖直对齐
共线	两条或多条直线	实体位于同一条无限长的直线上
全等	两个或多个圆弧	实体会共用相同的圆心和半径
垂直	两条直线	两条直线相互垂直
平行	两条或多条直线	实体相互平行
相切	圆弧、椭圆和样条曲线，直线和圆弧，直线和曲面或三维草图中的曲面	两个实体保持相切
同心	两个或多个圆弧，一个点和一个圆弧	圆弧共用同一圆心
中点	一个点和一条直线	点位于线段的中点
交叉	两条直线和一个点	点位于直线的交叉点上

续表

几何关系	要执行的实体	所产生的几何关系
重合	一个点和一条直线、一个圆弧或一个椭圆	点位于直线、圆弧或椭圆上
相等	两条或多条直线，两个或多个圆弧	直线长度或圆弧半径保持相等
对称	一条中心线和两个点、两条直线、两个圆弧或两个椭圆	实体保持与中心线相等距离，并位于一条与中心线垂直的直线上
固定	任何实体	实体的大小和位置被固定
穿透	一个草图点和一个基准轴、一条边线、一条直线或一条样条曲线	草图点和基准轴、边线或曲线在草图基准面上穿透的位置重合
合并点	两个草图点或端点	两个点合并成一个点

1. 添加几何关系

在菜单栏中执行"工具"→"关系"→"添加"命令，或单击"添加几何关系"按钮 上，系统弹出"添加几何关系"属性管理器，可在其中对草图实体添加几何约束，设置几何关系。

2. 显示 / 删除几何关系

在菜单栏中执行"工具"→"关系"→"显示 / 删除"命令，或者单击"显示 / 删除几何关系"按钮，这样可以令系统显示草图实体的几何关系，之后便可查看有疑问的特定草图实体的几何关系，还可以删除不需要的几何关系。

3. 自动添加几何关系

使用 SolidWorks 自动添加几何关系后，光标会在绘制草图时改变形状以显示可以生成哪些几何关系。在菜单栏中执行"工具"→"选项"命令，在弹出的"系统选项"对话框中选择"几何关系 / 捕捉"选项，勾选"自动几何关系复选框"，单击"确定"按钮，即将自动添加几何关系作为系统的默认设置。

子任务 2.1.6 草图状态

在任何时候，草图都处于五种定义状态之一。草图状态由草图几何体与定义的尺寸之间的几何关系来决定，最常见的三种定义状态如下。

1. 欠定义状态

欠定义状态下草图的定义是不充分的，但是仍可以用这个草图来创建特征。在零件早期设计阶段的大部分时间里，并没有足够的信息能用来完全定义草图，随着设计的深入，人们会逐步得到更多有用的信息，可以随时为草图添加其他定义。欠定义状态的草图几何体是蓝色的（默认设置）。

2. 完全定义状态

完全定义状态下的草图具有完整的信息。完全定义状态的草图几何体是黑色的（默认设置）。一般来说，当零件完成最终设计要进行下一步的加工时，零件的每一个草图都应该是完全定义状态的。

3. 过定义状态

过定义状态下的草图中有重复的尺寸或相互冲突的几何关系，修改后才能使用，应该删除多余的尺寸和约束关系。过定义状态的草图几何体是红色的（默认设置）。

任务 2.2 草图绘制实践

📖 任务描述

综合应用草图绘制命令、编辑命令，学会绘制草图的基本轮廓，学会绘制精确的草图轮廓，通过简单草图和复杂草图的绘制实践，充分掌握草图绘制的技巧。

子任务 2.2.1 简单草图绘制

利用 SolidWorks 2020 绘制如图 2-2-1 所示的简单草图，要求草图的外轮廓图形必须唯一且封闭。

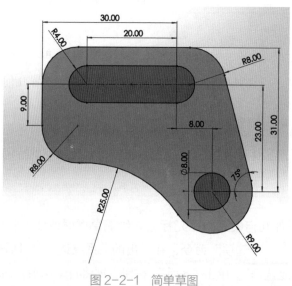

图 2-2-1 简单草图

1. 建模思路分析

通过分析图 2-2-1 的尺寸标注可知，该图定位尺寸的主要基准是其中的圆。可以由圆的位置先确定左上方的直槽口，进而绘制外围的线框。整个草图的绘制过程可以分为三个步骤：①确定草图最主要的定位几何元素，即圆和直槽口；②绘制外围线框；③完善细节，即剪裁多余的线段、设置相应圆角等。

2. 建模操作步骤

1）确定草图最主要的定位几何元素

（1）单击"前视基准面"，在弹出的关联菜单中单击"草图绘制"按钮 ⬜，进入草图绘制界面，如图 2-2-2 所示，开始草图绘制。

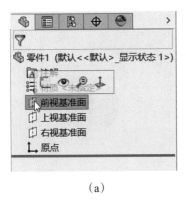 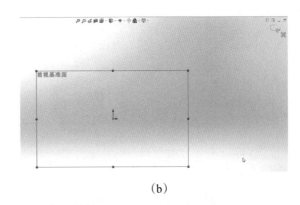

（a） （b）

图 2-2-2 进入草图绘制界面

（a）选择草图绘制平面；（b）草图绘制界面

（2）单击"草图"工具栏中的"圆"按钮，准备绘制圆。先单击坐标原点确定圆心，如图 2-2-3（a）所示；在绘图区合适的位置单击第二下，即以坐标原点为圆心初步绘制圆，如图 2-2-3（b）所示；单击"智能尺寸"按钮标注尺寸，在弹出的"修改"对话框中输入 8（单位默认为 mm），如图 2-2-3（c）所示；单击"确定"按钮 ✅ 即完成绘制，如图 2-2-3（d）所示。

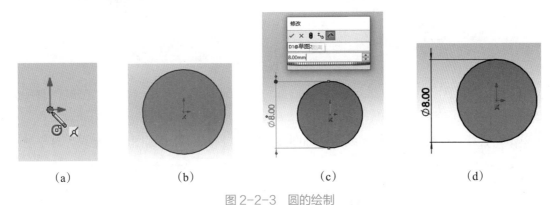

（a）　　　　　　　（b）　　　　　　　（c）　　　　　　　（d）

图 2-2-3 圆的绘制

（a）确定圆心；（b）初步绘制圆；（c）标注尺寸；（d）完成绘制

💡 特别提示

标注尺寸之前的圆是蓝色的，标注尺寸之后的圆就变成了黑色。这是 SolidWorks 2020 对用户的提示，蓝色表示草图缺乏约束，黑色表示草图完全约束。

（3）单击"直槽口"按钮 ⬭ ，准备初步绘制直槽口，如图 2-2-4（a）所示。在圆的左上位置顺次单击两点，确定直槽口的中心线。需要说明的是这两点的连线需要捕捉水平约束，再单击第三点确定直槽口的宽度。

（4）单击"智能尺寸"按钮进行标注。首先标注直槽口的定位尺寸，以直径为 8mm 的圆的圆心为定位基准，标注水平方向定位尺寸如图 2-2-4（b）所示、标注竖直方向定位尺寸如图 2-2-4（c）所示。接着标注直槽口定形尺寸，分别标出直槽口的中心线长度和圆弧半径即可，如图 2-2-4（d）所示。

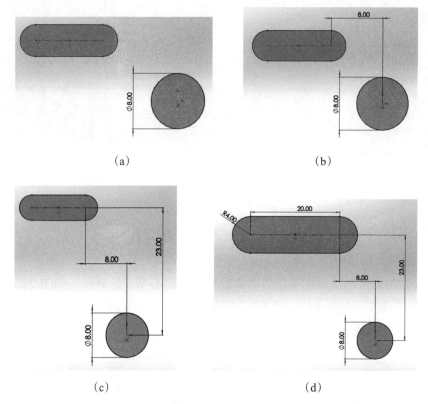

（a）　　　　　　　　　　　　　（b）

（c）　　　　　　　　　　　　　（d）

图 2-2-4　直槽口的绘制

（a）初步绘制直槽口；（b）标注水平方向定位尺寸；（c）标注竖直方向定位尺寸；（d）标注直槽口定形尺寸

2）绘制外围线框

（1）单击"直线"按钮，初步绘制线条，如图 2-2-5（a）所示。再根据图形的要求，对绘制的线条进行标注，如图 2-2-5（b）所示。

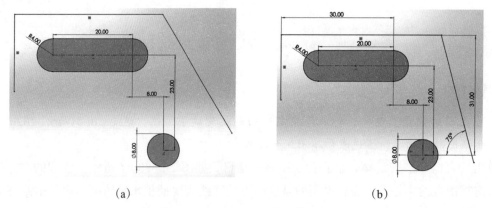

（a）　　　　　　　　　　　　　（b）

图 2-2-5　绘制草图上方的直线段

（a）初步绘制线条；（b）对绘制的线条进行标注

（2）单击"圆形"按钮，绘制与半径为 8mm 的圆同心的圆，直径为 18mm，如图 2-2-6（a）所示。

（3）接下来需要设置圆弧与线相切约束。按住"Ctrl"键，单击圆和直线，即同时选中圆和直线，如图 2-2-6（b）所示。在弹出的"属性"管理器中，单击"添加几何关系"中的"相切"，如图 2-2-6（c）所示。如此便完成了圆与直线相切的设置，如图 2-2-6（d）所示。

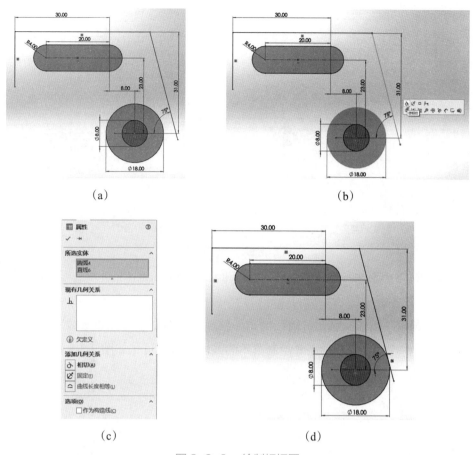

（a）　　　　　　　　　　　　　　　　　（b）

（c）　　　　　　　　　　　　　　　　　（d）

图 2-2-6　绘制相切圆

（a）绘制直径为 18mm 的圆；（b）同时选中圆和直线；（c）在"属性"管理器中选择"相切"；（d）完成圆与直线相切的设置

　　（4）单击"圆心／起／终点画弧"按钮，初步绘制圆弧如图 2-2-7（a）所示，需要注意的是，这两段圆弧需要设置相切关系。接着标注圆弧半径，如图 2-2-7（b）所示。添加圆弧和直径为 18mm 的圆的相切关系，如图 2-2-7（c）所示。完成圆弧绘制，如图 2-2-7（d）所示。

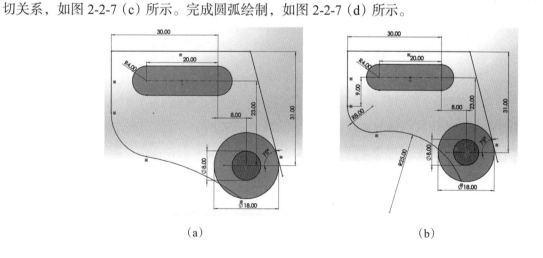

（a）　　　　　　　　　　　　　　　　　（b）

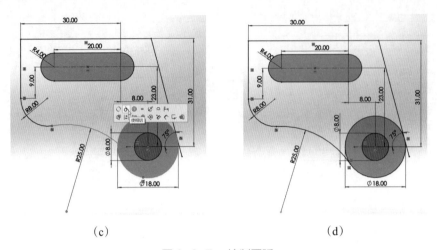

(c)   (d)

图 2-2-7   绘制圆弧

（a）初步绘制圆弧；（b）标注圆弧半径；（c）添加圆弧和直径为 18mm 圆的相切关系；（d）完成圆弧绘制

3）完善细节

（1）单击"绘制圆角"按钮，调出"绘制圆角"属性管理器，在"圆角参数"文本框中设置圆角参数，如图 2-2-8（a）所示。再单击选择需要绘制圆角的线段交点即可，如图 2-2-8（b）所示。完成圆角绘制，如图 2-2-8（c）所示。

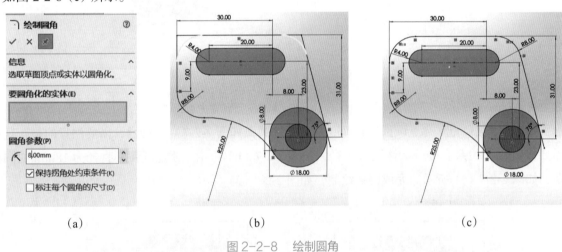

(a)   (b)   (c)

图 2-2-8   绘制圆角

（a）设置圆角参数；（b）选择需要绘制圆角的线段交点；（c）完成圆角绘制

（2）最后需要剪裁多余的线段。单击"剪裁实体"按钮，在弹出的"剪裁"属性管理器中选择"剪裁到最近端"，如图 2-2-9（a）所示。单击需要剪裁的线段，调整尺寸布局，如图 2-2-9（b）所示。完成剪裁，如图 2-2-9（c）所示。

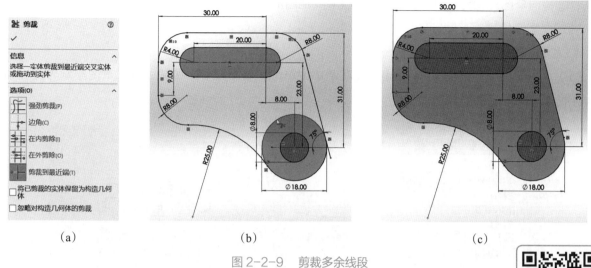

　　（a）　　　　　　　　　　　　（b）　　　　　　　　　　　　（c）

图 2-2-9　剪裁多余线段

简单草图绘制演示视频

　　　　　　　（a）选择"剪裁到最近端"；（b）单击需要剪裁的线段，调整尺寸布局；（c）完成剪裁

至此，该草图绘制完毕。

子任务 2.2.2　复杂草图绘制

利用 SolidWorks 2020 绘制如图 2-2-10 所示的复杂草图。

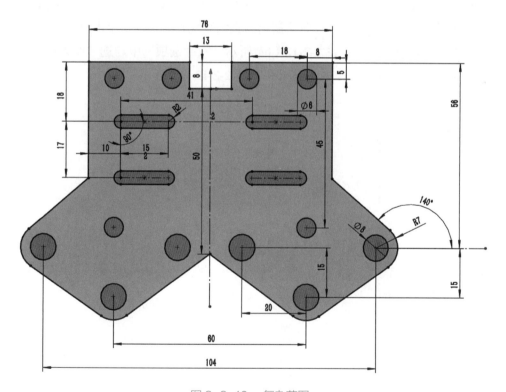

图 2-2-10　复杂草图

1. 建模思路分析

　　通过分析图 2-2-10 的尺寸标注可知，这幅图主要是以外边线框为基准来确定主要几何线图的位置的，同时该图形具有一个显著的特点，即对称性。该图的绘制可以主要为 3 个步骤：①绘制草图右侧的

线条；②镜像草图；③完善细节，绘制槽口线等其他图形。

2. 建模操作步骤

1）绘制草图右侧的线条

（1）单击"前视基准面"，在弹出的关联菜单中单击"草图绘制"按钮，进入草图绘制界面，如图 2-2-11 所示，开始草图绘制。

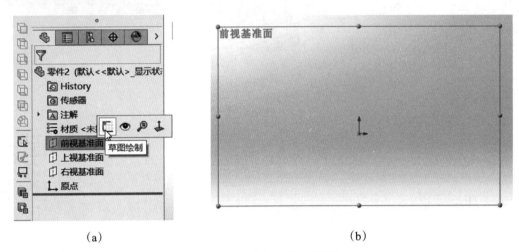

(a)   (b)

图 2-2-11　进入草图绘制界面

(a) 选择草图绘制平面；(b) 草图绘制界面

（2）由于图 2-2-10 是对称的，所以在绘制草图时先绘制中心线。单击"直线"按钮，以坐标原点为起点绘制直线，如图 2-2-12（a）所示。此时绘制出的直线线性是粗实线，单击绘制出的直线，即可令系统弹出"线条属性"属性管理器，如图 2-2-12（b）所示。在"选项"中勾选"作为构造线"，单击"确定"按钮，直线的线性即变为点画线，构造线效果如图 2-2-12（c）所示。

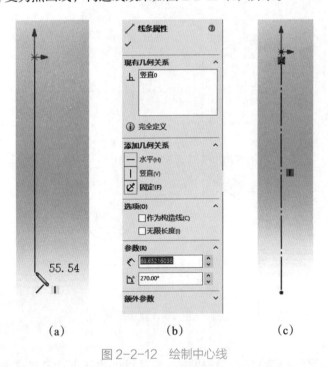

(a)   (b)   (c)

图 2-2-12　绘制中心线

(a) 绘制直线；(b) "线条属性"属性管理器；(c) 构造线效果

（3）初步绘制草图右侧外边框线条，如图 2-2-13（a）所示。单击"智能尺寸"按钮标注尺寸，如图 2-2-13（b）所示，系统自动标注出两条线的间距，这应该是要求尺寸的一半。为了避免换算尺寸，在标注尺寸时可以将鼠标移动到中心线左侧，此时系统即判断以中心线为对称轴，标注对称图形总长，如2-2-13（c）所示。

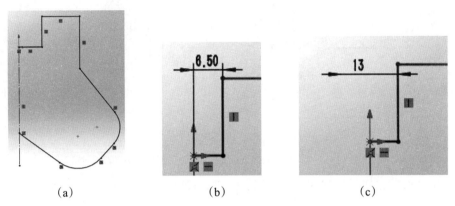

（a）　　　　　　　　（b）　　　　　　　　（c）

图 2-2-13　绘制右侧外边框线条

（a）初步绘制草图右侧外边框线条；（b）标注尺寸；（c）标注对称图形总长

重复以上标注尺寸的操作，将外框尺寸完全约束，外框的尺寸标注如图 2-2-14 所示。

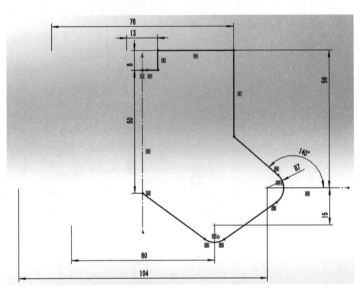

图 2-2-14　外框的尺寸标注

（4）单击"圆形"按钮，绘制两个圆，如图 2-2-15（a）所示；单击"智能尺寸"按钮，标注两个圆的直径为 6mm，如图 2-2-15（b）所示；再次单击"智能尺寸"按钮，对两个圆的定位尺寸进行约束，确定圆的位置，如图 2-2-15（c）所示。

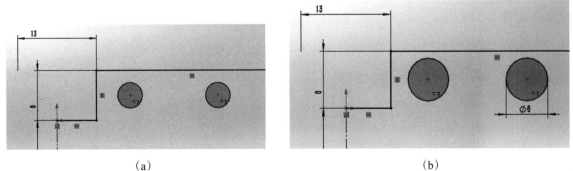

（a）　　　　　　　　　　　　　　　　　　　（b）

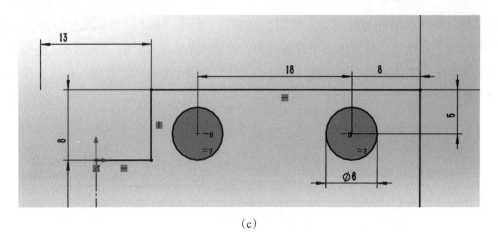

(c)

图 2-2-15　圆的绘制和标注

（a）绘制两个圆；（b）标注两个圆的直径；（c）确定圆的位置

（5）再次单击"圆"按钮，绘制其他几个圆，并进行尺寸标注，如图 2-2-16 所示。

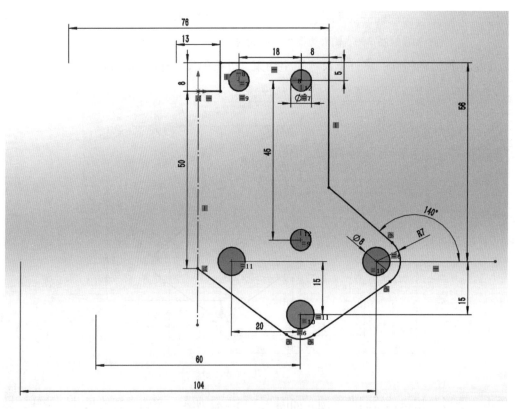

图 2-2-16　绘制其他几个圆

2）镜向草图

单击"镜向实体"按钮，在弹出的"镜向"属性管理器中，单击选择要镜向的实体和镜向轴，如图 2-2-17（a）和图 2-2-17（b）所示；单击"镜向"属性管理器中的"确定"按钮，完成草图的镜向，如图 2-2-17（c）所示。

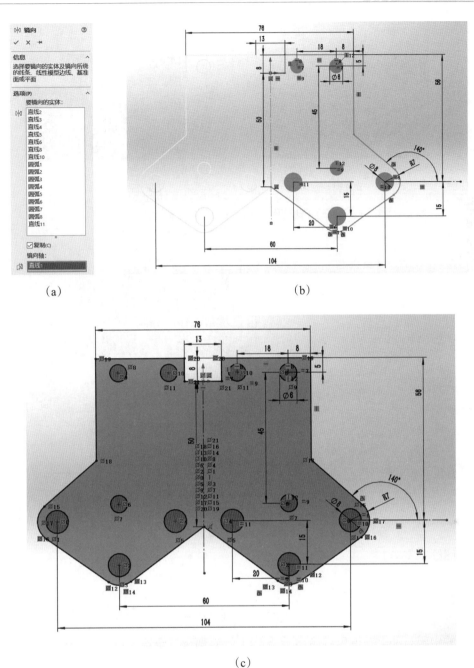

(a)

(b)

(c)

图 2-2-17　"镜向"操作

(a)"镜向"属性管理器；(b) 选择要"镜向"的实体和镜向轴；(c) 完成草图的镜向

3）完善细节

（1）单击"直槽口"按钮，初步绘制直槽口，如图 2-2-18（a）所示；再单击"智能尺寸"按钮对其进行尺寸标注，如图 2-2-18（b）所示，单击"确定"按钮，完成直槽口的绘制。

（2）单击"线性草图阵列"按钮，在弹出的"线性阵列"属性管理器中选择"方向 1"为 X- 轴，设置间距为 41mm，勾选"显示实例记数"，设置数量为 2，再选择"方向 2"为 Y- 轴，设置间距为17mm，同时勾选"显示实例记数"，设置数量为 2，如图 2-2-19（a）所示。单击"线性阵列"属性管理器的"确定"按钮，完成直槽口的线性阵列，如图 2-2-19（b）所示。

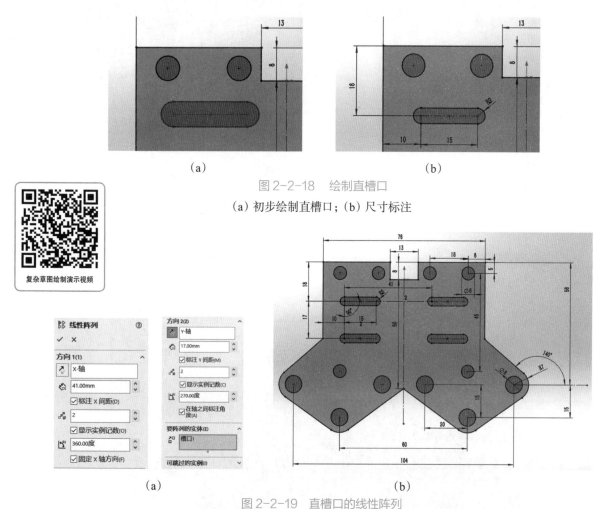

图 2-2-18　绘制直槽口

（a）初步绘制直槽口；（b）尺寸标注

复杂草图绘制演示视频

图 2-2-19　直槽口的线性阵列

（a）"线性阵列"属性管理器；（b）完成直槽口的线性阵列

至此，该草图绘制完毕。

拓展阅读

女技师的守井岁月

在渤海湾畔的中国石油冀东油田南堡 2-27 平台上，有两朵"金花"撑起了单井平台管理的重任。王英和李兵是冀东油田南堡作业区采油五区的技师，在南堡 2-27 平台滚动开发快速发展的关键时刻，她们二人肩负起南堡 2-27 平台单井点的驻井守护任务。她们采取 15 天轮休制，一守就是 100 多天。

作为绘制 CAD 的"行家里手"，王英仍然坚持每天电脑制图，让自己的技艺更加纯熟。此外，她还自主学习了 flash 动画、SolidWorks 三维设计。四个月下来，她累计完成 CAD 制图一百余张，并且熟练掌握了三维立体制图的技巧。

单井点的生活并不都是一帆风顺，偶尔也会有一些小"插曲"。有一天，正在高架罐上巡检的王英突然听到对讲机里传来兄弟单位华油惠通公司值班员的紧急呼叫，"华油发电机故障，准备停机。"当时，南堡 2-27 平台上所有的作业和生活用电全部依靠华油惠通的发电机系统，一旦停机，所有工作将全部停滞，情况十分紧急。工作了十多年的王英处理过大大小小的险情，她知道此刻不能慌乱。她稳下心来，用对讲机仔细询问故障原因、维修时间后，按照操作流程熟练地关井。在发电机维修过程中，她实时关注维修进度，密切关注生产现场的压力，随时做好开井的准备，将停电损失降低到了最低。

（资料来源：中工网，有删改）

项目3

非标准设备建模

非标准设备是相对于按国家规定的产品标准定型生产的标准设备来说的，其一般由使用企业提供图纸，委托制造厂或施工企业加工制造。非标准设备是建模设计的主要对象，本项目通过设计一套非标准设备来介绍软件的建模过程及操作方法。

目标导航

知识目标

❶ 了解建模特征与草图的关系，并灵活应用。

❷ 理解草图基准面的相互关系。

❸ 掌握利用拉伸、旋转等特征建模的思路及步骤。

能力目标

❶ 掌握"拉伸凸台／基体""旋转凸台／基体""拉伸切除"等特征操作方法，并灵活应用。

❷ 掌握对称、等距等草图工具操作，镜向、等距、圆周阵列等特征的编辑操作。

❸ 掌握装配体建模、零件工程图装配的操作方法及步骤。

素养目标

培养爱岗敬业的工匠精神。

任务 3.1　拉杆建模

任务描述

利用 SolidWorks 2020 建立如图 3-1-1 所示的拉杆模型。拉杆是轴对称零件，可以用拉伸或者旋转的方式进行建模。本任务用"拉伸凸台／基体"进行建模，旋转的方式请自行尝试。

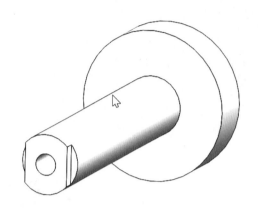

图 3-1-1　拉杆模型

子任务 3.1.1　建模思路分析

通过对图 3-1-1 进行分析可知，该零件具有轴对称的特点，因此在建模的时候可以利用分段拉伸或者旋转特征命令来建模，再添加异型孔特征，最后切出槽口。建模的整体思路：①以从前到后的顺序分段拉伸凸台建模；②利用"异型孔向导"完成螺纹孔的切除；③建立单侧槽口的模型，再镜向完成另一侧槽口的模型。

子任务 3.1.2　建模操作步骤

1. 拉伸杆头

（1）打开 SolidWorks 2020，新建一个零件文件。首先选择草图绘制平面，单击"前视基准面"，在弹出的关联菜单中单击"草图绘制"按钮，如图 3-1-2 所示。

（2）接着绘制圆形，单击"圆形"按钮，绘制一个圆心在坐标原点的圆形，然后单击"智能尺寸"按钮进行尺寸标注，如图 3-1-3 所示。绘制完成后，单击"退出草图"按钮 ↳，退出草图绘制 。

（3）在"特征"工具栏单击"拉伸凸台 / 基体"按钮 📦，系统弹出"凸台 – 拉伸"属性管理器，设置深度为 12mm，如图 3-1-4 所示。单击系统弹出"凸台 – 拉伸"属性管理器中的"确定"按钮 ✔ 完成拉伸，形成拉杆头。

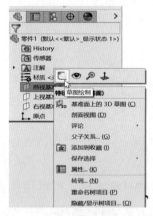

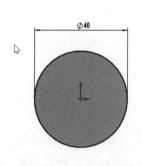

图 3-1-2　选择草图绘制平面　　　　图 3-1-3　绘制圆形　　图 3-1-4　"凸台 – 拉伸"属性属理器

2. 拉伸杆身

（1）单击圆柱的正面作为草图绘制的基准面，如图 3-1-5 所示，在弹出的关联菜单中单击"草图绘制"按钮，进入草图绘制。

（2）绘制同心圆，绘制一个圆心与坐标原点重合的圆，并标注直径为 16mm，如图 3-1-6 所示，绘制完成后单击"退出草图"按钮退出草图绘制。

（3）设置拉杆长度，单击"拉伸凸台 / 基体"按钮，系统弹出"凸台 – 拉伸"属性管理器，设置深度为 76mm，如图 3-1-7 所示。完成后单击"凸台 – 拉伸"属性管理器中的"确定"按钮完成拉伸。

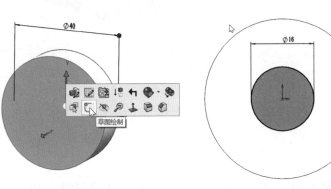

图 3-1-5　草图绘制的基准面　　　　图 3-1-6　绘制同心圆　　　　图 3-1-7　设置拉杆长度

3. 切除螺纹孔

单击小圆柱前表面作为异型孔的草图绘制基准面，如图 3-1-8 所示。单击"特征"工具栏中的"异型孔向导"按钮 ，如图 3-1-9 所示，进入异型孔设定。首先进行螺纹孔类型设置，系统弹出"孔规格"属性管理器，在"孔类型"中选择直螺纹孔，设置"标准"为 GB，设置"类型"为螺纹孔，设置"孔规格"大小为 M6，设置"螺纹孔钻孔"给定深度为 17mm，其余默认，如图 3-1-10 所示。设置好螺纹孔的类型后单击"位置"，切换到孔中心定位界面，在坐标原点绘制一个点，如图 3-1-11 所示，最后单击"孔规格"属性管理器中的"确定"按钮，完成螺纹孔的切除。

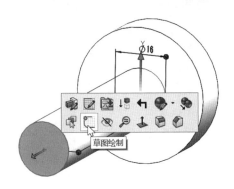

图 3-1-8　异型孔的草图绘制基准面　　　　　图 3-1-9　异型孔向导

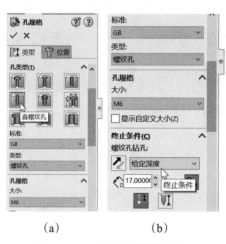

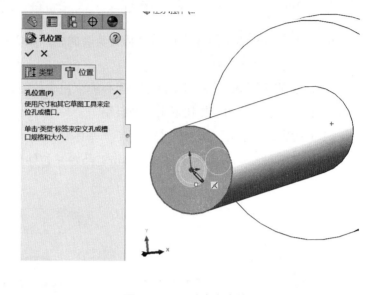

（a） （b）

图 3-1-10 螺纹孔类型设置　　　　　　　　　图 3-1-11 孔中心定位界面

（a）孔类型；（b）孔尺寸

4. 切除槽口

再次选择小圆柱前表面作为草图绘制基准面，单击"草图"工具栏中的"转换实体引用"按钮，对小圆柱轮廓线进行转换实体引用，如图 3-1-12 所示，获得一个圆。绘制一条通过坐标原点的中心线，再绘制关于原点对称的两条直线，然后按住"Ctrl"键选择中心线和两条直线，添加"对称"约束，如图 3-1-13 所示。标注尺寸，单击"剪裁实体"按钮，选择"强劲剪裁"，按住鼠标左键在草图中划过剪裁线，如图 3-1-14 所示，剪掉多余线段，然后单击"退出草图"按钮。在"特征"工具栏单击"拉伸切除"按钮 🔳，在系统弹出的"切除－拉伸"属性管理器中设置深度为 3mm，勾选"反侧切除"，如图 3-1-15 所示，单击"切除－拉伸"属性管理器中的"确定"按钮完成槽口的切除。

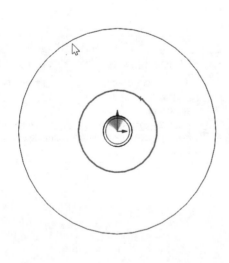

图 3-1-12 转换实体引用　　　　　　　　　图 3-1-13 添加"对称"约束

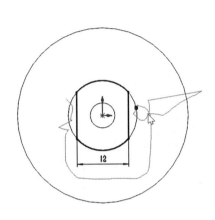

图 3-1-14　强劲剪裁

图 3-1-15　"切除－拉伸"属性管理器

5. 倒角

单击"绘制倒角"按钮，选择如图 3-1-16 所示的两条倒角边线进行倒角。在"倒角"属性管理器中设置倒角的距离为 2mm，角度为 45°，如图 3-1-17 所示。单击"倒角"属性管理器中的"确定"按钮完成建模，按"Ctrl+S"组合键保存零件图。至此，建模完毕。

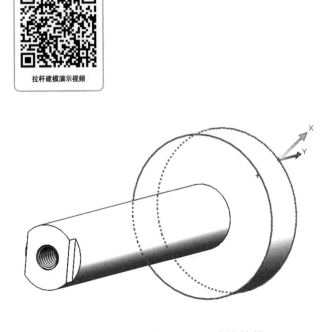

图 3-1-16　倒角边线

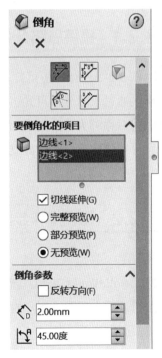

图 3-1-17　"倒角"属性管理器

任务 3.2　支架套建模

任务描述

利用 SolidWorks 2020 建立如图 3-2-1 所示的支架套模型。此零件由一个圆环法兰和两侧凸耳焊接而成，这里可以将它们看成一个整体。通过支架套模型建模，掌握拉伸凸台、镜向和圆周阵列等特征操作方法，并能依据零件特点灵活应用。

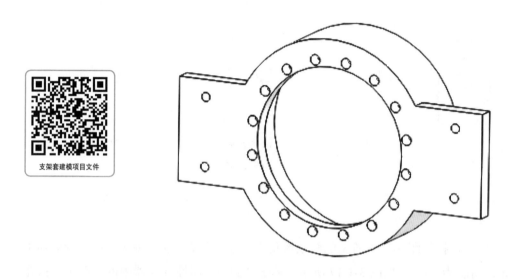

支架套建模项目文件

图 3-2-1　支架套模型

子任务 3.2.1　建模思路分析

通过对图 3-2-1 进行分析可知，该零件具有对称的特点，因此在建模的时候可以利用"镜向"工具来简化工作。通过尺寸分析可知，该零件的主要高度尺寸是以底板上表面为基准的，主要长度和宽度尺寸都是以中间对称轴为基准的。因此该零件建模的整体思路：①以从前到后的顺序建模，先建立圆柱模型后，然后再切除内腔；②建好立侧侧耳的模型，镜向完成另一侧侧耳的模型；③切除螺钉孔，完成圆周阵列。

子任务 3.2.2　建模操作步骤

1. 拉伸圆柱

（1）打开 SolidWorks 2020，新建一个零件文件。单击"前视基准面"，在"草图"工具栏中单击"草图绘制"按钮，进入草图绘制。绘制一个直径为 310mm 的圆，如图 3-2-2 所示，绘制完成后单击"退出草图"按钮，退出草图绘制。

（2）在"特征"工具栏中单击"拉伸凸台／基体"按钮，在"凸台－拉伸"属性管理器中设置"给定深度"，如图 3-2-3 所示，其他选项默认。单击"确定"按钮生成实体基座，即得实体模型。

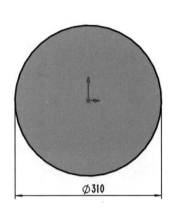

图 3-2-2　绘制一个直径为 310mm 的圆

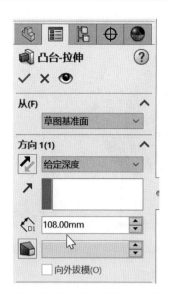

图 3-2-3　设置"给定深度"

2. 切除内腔

（1）单击圆柱前表面，在"特征"工具栏中单击"拉伸切除"按钮。进入草图绘制环境，单击"视图定向"中的"正视于"按钮 ↓，绘制一个直径为 280mm 的圆，如图 3-2-4 所示，并标注尺寸。

（2）在"尺寸"属性管理器中设置"公差类型"为"双边"，然后设置"最大变量"和"最小变量"的值（即上偏差为 +0.035mm，下偏差为 0mm），单击"尺寸"属性管理器中的"确定"按钮即可完成尺寸公差设置，如图 3-2-5 所示。然后单击"退出草图"按钮，退出草图绘制。

（3）单击"拉伸切除"按钮，此时弹出"切除－拉伸 1"属性管理器，设置切除深度，如图 3-2-6 所示，单击"确定"按钮完成切除。

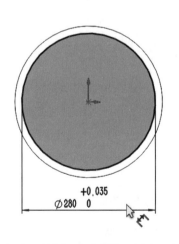

图 3-2-4　绘制一个直径为 280mm 的圆

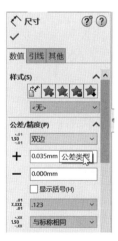

图 3-2-5　尺寸公差设置

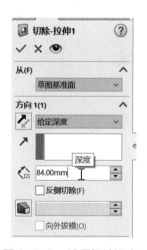

图 3-2-6　设置切除深度

（4）切内孔。单击圆柱内表面，如图 3-2-7 所示，在"特征"工具栏中单击"拉伸切除"按钮，进入草图绘制环境，执行"视图定向"→"正视于"命令，绘制一个直径为 230mm 的圆，如图 3-2-8 所示，并标注尺寸。然后单击"退出草图"按钮退出草图绘制。在"切除－拉伸"属性管理器里设置"方向 1"为"完全贯穿"，如图 3-2-9 所示，单击"切除－拉伸"属性管理器中的"确定"按钮完成切除。

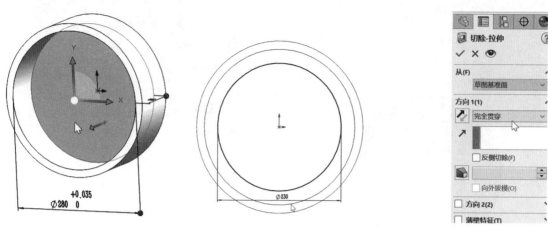

图 3-2-7　圆柱内表面　　图 3-2-8　绘制一个直径为 230mm 的圆　图 3-2-9　设置"方向 1"为"完全贯穿"

3. 创建侧耳模型

1）建立左侧侧耳模型

（1）单击"前视基准面"，在"草图"工具栏中单击"草图绘制"按钮，进入草图绘制。绘制一条过原点的中心线，再绘制三条线，完成左侧侧耳模型基础轮廓绘制，如图 3-2-10 所示。按住"Ctrl"键分别选择两交点和中心线，设置"添加几何关系"为对称。接着选择外圆，如图 3-2-11 所示，执行"转换实体引用"命令，获取该外圆轮廓。单击"剪裁实体"按钮，按住鼠标左键不放，在绘图区里划过需要剪裁掉的线，剪裁实体，如图 3-2-12 所示，完成后为剪裁的弧形标注尺寸，如图 3-2-13 所示。单击"退出草图"按钮，退出草图绘制。

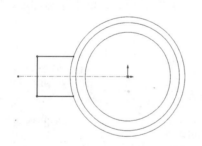

图 3-2-10　左侧侧耳模型基础轮廓绘制

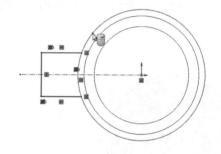

图 3-2-11　选择外圆

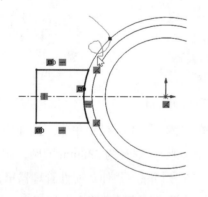

图 3-2-12　剪裁实体

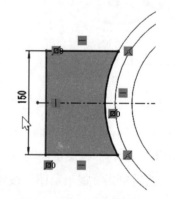

图 3-2-13　为剪裁的弧形标注尺寸

（2）单击"拉伸凸台 / 基体"按钮，在"凸台 - 拉伸"属性管理器中设置"深度"为 24mm，并勾选"合并结果"，其他选项默认。单击"凸台 - 拉伸"属性管理器中的"确定"按钮，完成左侧侧耳模型。

2）切小孔

单击选择下表面，如图 3-2-14 所示，在"特征"工具栏中单击"拉伸切除"按钮，进入草图绘制。先绘制如图 3-2-15 所示的小孔，标注尺寸，设置"添加几何关系"为对称。再选择两个小孔，设置"添加几何关系"为相等，如图 3-2-16 所示，然后单击"确定"按钮，退出草图绘制环境。

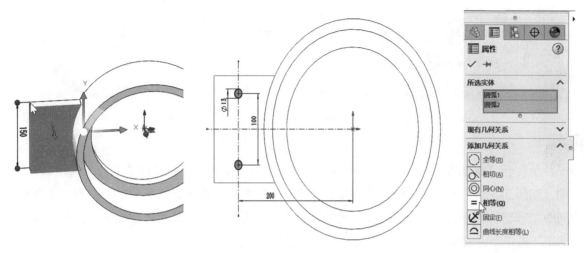

图 3-2-14　选择下表面　　　　图 3-2-15　绘制小孔　　图 3-2-16　设置"添加几何关系"为相等

3）镜向侧耳模型和小孔

执行"特征"→"线性阵列"→"镜向"命令，选择"右视基准面"为"镜向面 / 基准面"，选择左侧侧耳模型和小孔为"要镜向的特征"，"镜向"属性管理器设置如图 3-2-17 所示。单击"镜向"属性管理器中的"确定"按钮，完成镜向操作。

4. 切除螺钉孔

（1）单击如图 3-2-18 所示的内表面为绘图基准面，在弹出的关联菜单中单击"草图绘制"按钮，绘制如图 3-2-19 所示的草图并标注角度。然后在圆和射线的交叉点处绘制一个圆，直径为 15mm，如图 3-2-20 所示。单击该圆，在"圆"属性管理器中勾选"作为构造线"，如图 3-2-21 所示。绘制完成后单击"退出草图"按钮，退出草图绘制。

（2）单击"拉伸切除按钮"，"切除 - 拉伸"属性管理器中设置"方向 1"为"完全贯穿"，单击"确定"按钮完成螺钉孔切除，如图 3-2-22 所示。

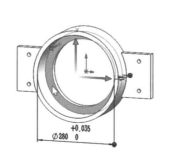
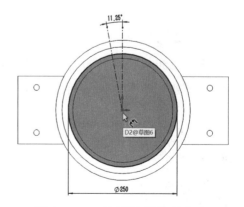

图 3-2-17　"镜向"属性管理器设置　　图 3-2-18　绘图基准面　　　　图 3-2-19　绘制草图并标注角度

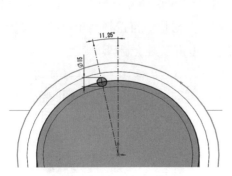

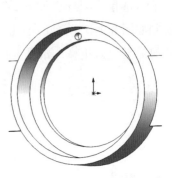

图 3-2-20　交叉点处绘制一个圆　　图 3-2-21　勾选"作为构造线"　　图 3-2-22　完成螺钉孔切除

5. 圆周阵列

执行"特征"→"线性阵列"→"圆周阵列"命令，选择"隐藏/显示项目"下的"观阅临时轴"显示中心轴，如图 3-2-23 所示。设置圆周阵列参数如图 3-2-24 所示，选择支撑套的中心轴为"阵列轴"，选择"等间距"，设置"实例数"为 16，"要阵列的特征"里选择螺钉孔，其余选项默认，预览阵列。最后单击"确定"按钮，完成螺钉孔的圆周阵列。至此，建模完毕。

支架套建模演示视频

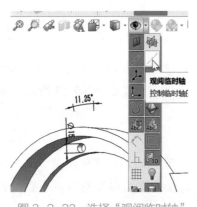

图 3-2-23　选择"观阅临时轴"　　　　　图 3-2-24　设置圆周阵列参数

任务 3.3　圆盘建模

任务描述

利用 SolidWorks 2020 建立如图 3-3-1 所示的圆盘模型。圆盘是一个轴对称零件，可以用拉伸或者旋转的方式进行建模，本任务利用"旋转凸台/基体"建模。

圆盘建模项目文件

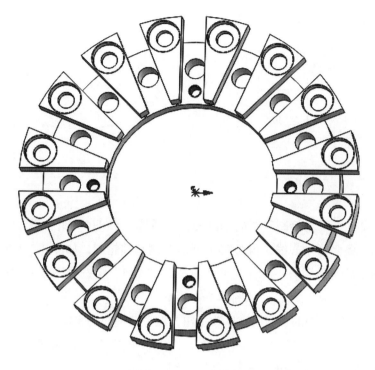

图 3-3-1   圆盘模型

子任务 3.3.1   建模思路分析

通过对图 3-3-1 分析可知，该零件是以一段圆柱体为毛坯，切除 T 型槽、阶梯孔和螺纹孔后形成的。因此，该零件建模的整体思路：①旋转凸台得到空心圆盘；②切除 T 型槽和槽底孔，再各自圆周阵列出 16 个；③利用"异型孔向导"完成螺纹孔和阶梯孔的切除。

子任务 3.3.2   建模操作步骤

1. 建立圆盘基体

（1）打开 SolidWorks 2020，新建一个零件文件。选择"前视基准面"作为绘制草图的基准面，进入草图绘制。先绘制一条通过原点的竖直中心线作为旋转轴线，再用"直线"命令在右侧绘制截面形状，如图 3-3-2 所示，并标注尺寸，注意最底部直线要与原点水平对齐。绘制完成后单击"退出草图"按钮，退出草图绘制。

（2）选择刚才绘制的截面形状，在"特征"工具栏中单击"旋转凸台 / 基体"按钮，在"旋转"属性管理器中选择草图的中心线为"旋转轴"，设置"方向 1"下的"反向"为"给定深度"，设置"方向 1 角度"为 360°，其他选项默认。单击"旋转"属性管理器中的"确定"按钮生成圆盘基体，如图 3-3-3 所示。

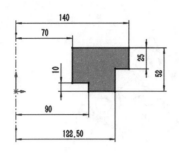

图 3-3-2 绘制截面形状

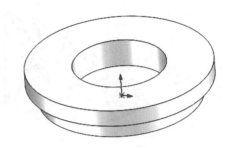

图 3-3-3 圆盘基体

2.切除 T 型槽

（1）选择"前视基准面"为绘制草图的基准面，然后按"Ctrl+8"组合键，让前视基准面正视于绘图者。通过原点绘制一条竖直中心线，再绘制 T 型槽左侧基础轮廓，如图 3-3-4 所示。注意 T 型槽的顶部直线要与圆盘基体的轮廓线重合，标注尺寸，再按住"Ctrl"键选择图 3-3-5 所示的直线与实体轮廓线，设置"添加几何关系"为"共线"，如图 3-3-6 所示。

（2）单击"草图"工具栏中的"镜向实体"按钮，在"要镜向的实体"里选择刚才绘制的 5 条直线，选择中心线为"镜向轴"，单击"镜向"属性管理器中的"确定"按钮完成镜向，如图 3-3-7 所示。单击"退出草图"按钮，完成 T 型槽草图的绘制。

（3）选择 T 型槽草图，单击"特征"工具栏里的"拉伸切除"按钮，设定"方向 1"为"完全贯穿"，T 型槽"切除－拉伸"属性管理器设置如图 3-3-8 所示，单击"拉伸－切除"属性管理器中的"确定"按钮生成 T 型槽。

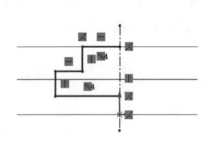

图 3-3-4 绘制 T 型槽左侧基础轮廓

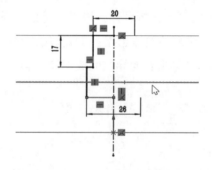

图 3-3-5 直线与实体轮廓线

图 3-3-6 设置"添加几何关系"为共线

图 3-3-7 T 型槽草图"镜向"属性管理器设置

图 3-3-8 T 型槽草图"切除－拉伸"属性管理器设置

3. 圆周阵列 T 型槽

执行"特征"→"线性阵列"→"圆周阵列"命令，对 T 型槽进行圆周阵列，单击"隐藏 / 显示项目"下的"观阅临时轴"，显示中心轴。选择圆盘的中心轴为"阵列轴"，选择"等间距"，设置"实例数"为 16，"要阵列的特征"里选择"切除－拉伸 1"，即 T 型槽，如图 3-3-9 所示，其余参数默认。最后单击"确定"按钮，完成 T 型槽圆周阵列，如图 3-3-10 所示。

图 3-3-9　"要阵列的特征"

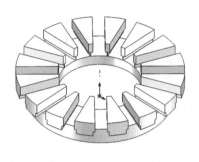

图 3-3-10　T 型槽圆周阵列

4. 切除槽底孔

选择 T 型槽底面为绘制草图的基准面，如图 3-3-11 所示，单击"草图绘制"按钮进入草图绘制。绘制槽底孔草图，先绘制一个直径为 200mm 的中心圆，再在中心圆上绘制一个直径为 17mm 的圆，设置其圆心与原点的"添加几何关系"为"竖直"，如图 3-3-12 所示。单击"特征"工具栏中的"拉伸切除"按钮，在"切除－拉伸"属性管理器中设置"方向 1"为"完全贯穿"，最后单击"确定"按钮生成槽底孔。

5. 圆周阵列槽底孔

执行"特征"→"线性阵列"→"圆周阵列"命令，选择圆盘的中心轴为"阵列轴"，选择"等间距"，设置"实例数"为 16，"要阵列的特征"里选择槽底孔，其余参数默认，最后单击"确定"按钮完成槽底孔的圆周阵列。

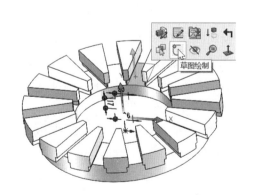

图 3-3-11　选择 T 型槽底面为绘制草图的基准面

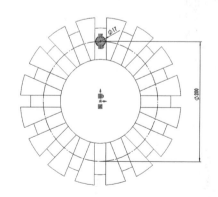

图 3-3-12　绘制槽底孔草图

6. 切除螺纹孔

单击"特征"工具栏中的"异型孔向导"按钮，系统弹出"孔规格"属性管理器，在"孔类型"中选择直螺纹孔，设置"标准"为 GB，设置"类型"为螺纹孔，设置"孔规格"大小为 M10，设置"螺纹孔钻孔"给定深度为 17mm，其余默认。设置好螺纹孔的类型后单击"孔规格"属性管理器的"位置"，切换到孔中心定位界面，选择 T 型槽底面为异型孔所在面，如图 3-3-13 所示。在此面上绘制一个点，然后按"Esc"键退出"点绘制"命令，再给孔中心和原点之间添加"竖直"几何约束，并标注尺寸为 81mm，如图 3-3-14 所示。最后单击"确定"按钮，完成螺纹孔的切除。

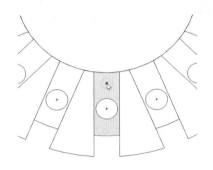

图 3-3-13　异型孔所在面

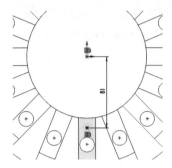

图 3-3-14　标注尺寸为 81mm

7. 圆周阵列螺纹孔

执行"特征"→"线性阵列"→"圆周阵列"命令，选择圆盘的中心轴为"阵列轴"，选择"等间距"，设置"实例数"为 4，"要阵列的特征"里选择螺纹孔，其余参数默认，最后单击"确定"按钮，完成螺纹孔的圆周阵列。

8. 切除阶梯孔

选择圆盘顶面为阶梯孔所在面，如图 3-3-15 所示。单击"异型孔向导"按钮，系统弹出"孔规格"属性管理器，在"孔类型"中选择"柱形沉头孔"，设置"标准"为 GB，设置"类型"为六角头螺栓 C 级，设置"孔规格"大小为 M12，设置"终止条件"为"给定深度"，设置"盲孔深度"为 20mm，勾选"螺钉间隙"并设为 10mm，勾选"近端锥孔"并设置为 27mm 和 90°，阶梯孔类型设置如图 3-3-16 所示。设置好阶梯孔的类型后单击"孔规格"属性管理器的"位置"，切换到孔中心定位界面，选择圆盘顶面为阶梯孔所在面，在此面上绘制一个点，然后按"Esc"键退出"点绘制"命令。绘制一个通过该点的直径为 250mm 的中心圆，再绘制一条过原点的中心线和一条从原点到阶梯孔中心点的中心线，并标注其角度为 11.25°，确定阶梯孔位置如图 3-3-17 所示。最后单击"确定"按钮，完成阶梯孔的切除。

9. 圆周阵列阶梯孔

执行"特征"→"线性阵列"→"圆周阵列"命令，选择圆盘的中心轴为"阵列轴"，选择"等间距"，设置"实例数"为 16，"要阵列的特征"里选择阶梯孔，其余参数默认，最后单击"确定"按钮，完成阶梯孔的圆周阵列。至此，圆盘模型建模完毕。

圆盘建模演示视频

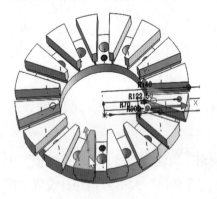

图 3-3-15　阶梯孔所在面

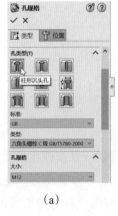

（a）

（b）

图 3-3-16　阶梯孔类型设置

图 3-3-17　确定阶梯孔位置

（a）孔类型；（b）孔尺寸

任务描述

利用 SolidWorks 2020 建立如图 3-4-1 所示的推盘模型。推盘是一个轴对称零件，可以用拉伸或者旋转的方式进行建模，本任务利用"拉伸凸台 / 基体"建模来做。

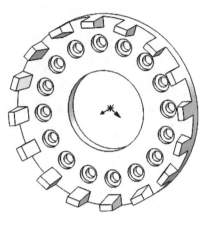

推盘建模项目文件

图 3-4-1　推盘模型

子任务 3.4.1　建模思路分析

通过分析图 3-4-1 可知，该零件是以一个空心圆盘为毛坯，切出阶梯孔并拉伸梯形推刀柱后形成的。该零件建模的整体思路：①拉伸一个圆盘；②切除阶梯孔，再圆周阵列出 16 个；③拉伸长方形并拔模，形成梯形推刀柱，再圆周阵列出 16 个；④切除配合孔面。

子任务 3.4.2　建模操作步骤

1. 绘制实体圆柱

打开 SolidWorks 2020，新建一个零件文件。选择"前视基准面"作为绘制草图的基准面，进入草图绘制，绘制一个直径为 280mm 的圆，如图 3-4-2 所示。单击"特征"工具栏中的"拉伸凸台 / 基体"按钮，系统弹出"凸台 - 拉伸"属性管理器，设置"深度"为 20mm，其他选项默认。单击"确定"按钮，生成实体圆柱，如图 3-4-3 所示。

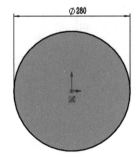

图 3-4-2　绘制一个直径为 280mm 的圆

图 3-4-3　实体圆柱

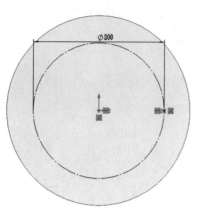

图 3-4-4　绘制辅助圆

2. 切除阶梯孔

单击圆柱上表面作为绘制草图的基准面，单击"异型孔向导"按钮，绘制阶梯孔。系统弹出"孔规格"属性管理器，在"孔类型"中选择柱形沉头孔，设置"标准"为 GB，设置"类型"为六角头螺栓 C 级，设置"孔规格"大小为 M12，设置"终止条件"为"给定深度"，设置"盲孔深度"为 20mm，勾选"螺钉间隙"并设为 8mm。设置好阶梯孔的类型后单击"孔规格"属性管理器的"位置"，切换到阶梯孔圆点位置的绘制界面。在圆柱面上绘制一个点，然后按"Esc"键退出"点绘制"命令，再在原点上绘制辅助圆，直径为 200mm，如图 3-4-4 所示，圆弧经过刚才的点，勾选"作为构造线"，并标注尺寸，注意原点与孔中心水平对齐。设定完成后单击"确定"按钮，生成阶梯孔。

3. 圆周阵列阶梯孔

执行"特征"→"线性阵列"→"圆周阵列"命令，单击"观阅临时轴"，显示中心轴。选择圆柱的中心轴为"阵列轴"，选择"等间距"，设置"实例数"为 16，"要阵列的特征"里选择阶梯孔，其余参数默认，最后单击"确定"按钮，完成阶梯孔的圆周阵列。

4. 绘制推刀柱实体模型

（1）单击圆柱上表面作为绘制草图的基准面，如图 3-4-5 所示。进入草图绘制，先绘制一条竖直中心线，再在中心线上绘制中心矩形，矩形的长为 20mm，矩形与原点之间的距离为 130.5mm。选中图 3-4-5 所示的绘制草图的基准面，单击"草图"工具栏的"转换实体引用"按钮获得外圆，如图 3-4-6 所示。单击"剪裁实体"按钮，选择"剪裁到最近端"，剪掉多余线段和外圆，如图 3-4-7 所示，形成单一封闭区域。

（2）单击"特征"工具栏的"拉伸凸台/基体"按钮拉伸草图，设置"深度"为 39mm，其他选项默认。单击"确定"按钮，得到推刀柱实体模型，如图 3-4-8 所示。

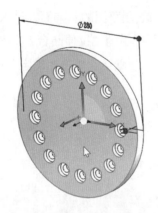

图 3-4-5　绘制草图的基准面

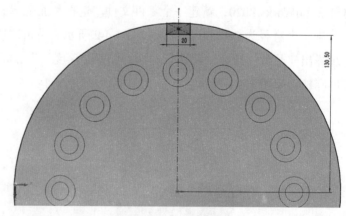

图 3-4-6　获得外圆

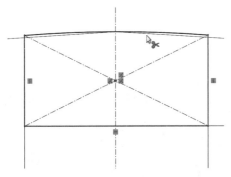

图 3-4-7 剪掉多余线段和外圆

图 3-4-8 推刀柱实体模型

5. 推刀柱拔模

单击"特征"工具栏里的"拔模"按钮，选择"手工"方式，"拔模类型"选"中性面"，设置"拔模角度"为 10°，"中性面"选推刀柱顶部面，"拔模面"选择推刀柱前表面，"拔模 1"属性管理器设置如图 3-4-9 所示，其余参数默认，最后单击"确定"按钮，完成拔模。

6. 圆周阵列推刀柱

执行"特征"→"线性阵列"→"圆周阵列"命令，选择圆盘的中心轴为"阵列轴"，选择"等间距"，设置"实例数"为 16，"要阵列的特征"里选择推刀柱，其余参数默认，最后单击"确定"完成推刀柱的圆周阵列。

7. 切除配合孔面

选择"上视基准面"作为绘制草图的基准面，进入草图绘制。绘制一个以原点为圆心的圆，如图 3-4-10 所示，标注尺寸，直径为 120mm，上偏差为 +0.040mm，下偏差为 -0.010mm。然后在"特征"工具栏单击"拉伸切除"按钮，设置"深度"为"完全贯穿"。最后单击"确定"按钮，至此，建模完毕。

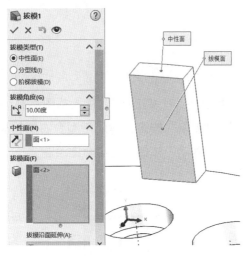

图 3-4-9 "拔模 1"属性管理器设置

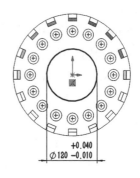

图 3-4-10 绘制一个以原点为圆心的圆

推盘建模演示视频

任务 3.5 **刀夹建模**

📖🔍 **任务描述**

利用 SolidWorks 2020 建立如图 3-5-1 所示的刀夹模型。刀夹是一个轴对称零件，可以用拉伸方式进行建模。

刀夹建模项目文件

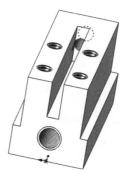

图 3-5-1　刀夹模型

子任务 3.5.1　建模思路分析

通过分析图 3-5-1 可知，该零件具有轴对称的特点，因此在建模的时候可以利用分段拉伸或者旋转特征命令来建模，再添加异型孔特征，最后切除槽口。该零件建模的整体思路：①以从前到后的顺序分段拉伸凸台建模；②建好单侧槽口的模型，再镜向另一侧槽口；③利用"异型孔向导"完成螺纹孔的切除。

子任务 3.5.2　建模操作步骤

1. T 型台建模

（1）打开 SolidWorks 2020，新建一个零件文件，单击"上视基准面"，进入草图绘制。绘制一条中心线及 T 型台左侧轮廓，单击"草图"工具栏中的"镜向实体"按钮，镜向 T 型台右侧轮廓，T 型台草图绘制过程如图 3-5-2 所示。T 型台草图绘制完成后单击"确定"按钮，退出草图绘制。

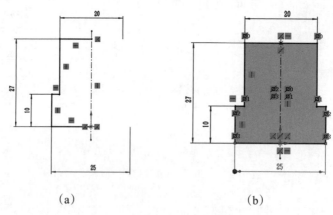

(a)　　　　　　　　　　　　(b)

图 3-5-2　T 型台草图绘制过程

（a）绘制一条中心线及 T 型台左侧轮廓；（b）镜向 T 型台右侧轮廓

（2）单击"特征"工具栏的"拉伸凸台／基体"按钮，设置"深度"为 60mm，然后单击"确定"按钮，完成拉伸，形成 T 型台。

2.切除斜面

（1）单击"右视基准面"，进入草图绘制，绘制一个三角形，如图 3-5-3（a）所示，并标注尺寸。

（2）单击"特征"工具栏的"拉伸切除"按钮，系统弹出"切除－拉伸"属性管理器，设置"方向 1"为"两侧对称"，设置"深度"为 30mm，"切除－拉伸"属性管理器设置如图 3-5-3（b）所示，其他选项默认。单击切除斜面。

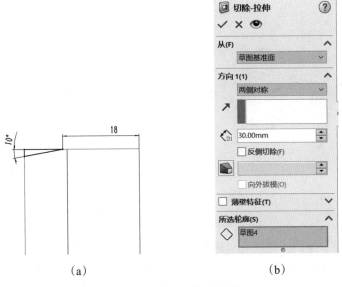

（a）　　　　　　　　　　（b）

图 3-5-3　切除斜面的过程

（a）绘制一个三角形；（b）"切除－拉伸"属性管理器设置

3.切除夹刀槽

（1）选择"上视基准面"为绘制草图的基准面，然后按"Ctrl+8"组合键，使绘制草图的基准面正视于屏幕。在原点处绘制一条竖直中心线，再绘制一个中心矩形，矩形上方与 T 型台顶部直线重合，如图 3-5-4（a）所示，接着标注尺寸。

（2）单击"拉伸切除"按钮，系统弹出"切除－拉伸"属性管理器，设置"方向 1"为"给定深度"，设置"深度"为 50mm，并选择"反向"，夹刀槽"切除－拉伸"属性管理器设置如图 3-5-4（b）所示，其他选项默认，单击"确定"按钮完成夹刀槽切除。

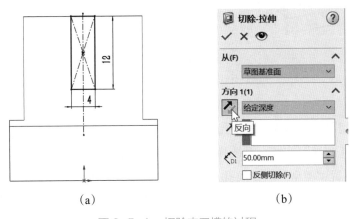

（a）　　　　　　　　　　（b）

图 3-5-4　切除夹刀槽的过程

（a）矩形上方与 T 型台顶部直线重合；（b）夹刀槽"切除－拉伸"属性管理器设置

4. 切除螺纹孔

（1）选择如图 3-5-5（a）所示的异型孔所在平面 1 为绘制草图的基准面，单击"特征"工具栏的"异形孔向导"按钮，弹出"孔规格"属性管理器，在"孔类型"里选择直螺纹孔，设置"标准"为 GB，设置"类型"为螺纹孔，设置"孔规格"大小为 M5，设置"给定深度"为 15mm，其余默认。设置好螺纹孔的类型后单击"孔规格"属性管理器的"位置"，切换到孔中心定位界面，在此面上绘制一个点，并给孔中心和原点之间添加"竖直"几何约束，并标注尺寸 6mm，孔位置 1 如图 3-5-5（b）所示。最后单击"确定"按钮，完成 M5 螺纹孔的切除。

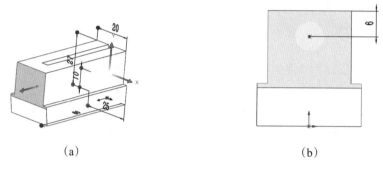

（a）　　　　　　　　　（b）

图 3-5-5　M5 螺纹孔的切除

（a）异型孔所在平面 1；（b）孔位置 1

（2）用同样的方法切除顶面的螺纹孔。选择如图 3-5-6（a）所示的异型孔所在平面 2 为绘制草图的基准面，单击"特征"工具栏的"异型孔向导"按钮，所有螺纹孔的类型参数同上一步。再单击"孔规格"属性管理器的"位置"，切换到孔中心定位界面，绘制四个点；再绘制一条过原点的中心线，设定两两关于中心线对称，上下点"竖直"的几何约束，并标注尺寸，孔位置 2 如图 3-5-6（b）所示。最后单击"确定"按钮，完成顶面 M5 螺纹孔的切除。

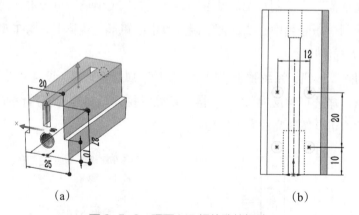

（a）　　　　　　　　　（b）

图 3-5-6　顶面 M5 螺纹孔的切除

（a）异型孔所在平面 2；（b）孔位置 2

（3）用同样的方法切除前表面 M8 螺纹孔。选择如图 3-5-7（a）所示的异型孔所在平面 3 为绘制草图的基准面，单击"异型孔向导"按钮，系统弹出"孔规格"属性管理器，在"孔类型"中选择直螺纹孔，设置"标准"为 GB，设置"类型"为螺纹孔，设置"孔规格"大小为 M8，设置"给定深度"为 17mm，其余默认。设置好前表面 M8 螺纹孔的类型后单击"孔规格"属性管理器的"位置"，切换到孔中心定位界面，在此面上绘制一个点，并给孔中心和原点之间添加"竖直"几何约束，并标注尺寸 8mm，孔位置 3

如图 3-5-7（b）所示。最后单击"确定"按钮，完成前表面 M8 螺纹孔的切除。至此，建模完毕。

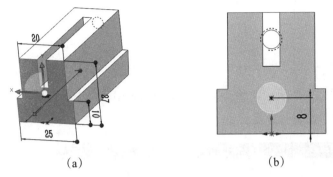

刀夹建模演示视频

(a) 　　　　　　　　　　　(b)

图 3-5-7　前表面 M8 螺纹孔的切除

（a）异型孔所在平面 3；（b）孔位置 3

任务 3.6　多刃切削装置装配图

任务描述

　　利用 SolidWorks 2020 装配如图 3-6-1 所示的多刃切削装置总装图。本任务是将本项目中前面任务所完成的零件装配起来，通过逐步插入零件并设定配合关系完成装配图。最后可设定爆炸路径，显示零件之间的关系和分布，呈现零件间的装配关系和拆装步骤。

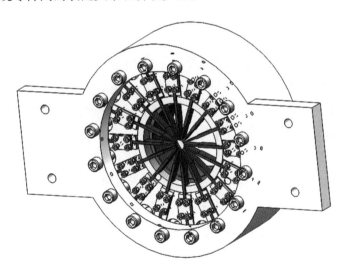

多刃切削装置装配图
项目文件

图 3-6-1　多刃切削装置总装图

子任务 3.6.1　装配思路分析

　　根据多刃切削装置结构特点，装配零件时应首先确定支架套的装配基准，再装配内部核心零部件，最后装配外围的零件。具体的装配思路：①确定圆盘为装配基准零件，以此作为其他零件的装配定位基准；②装配刨刀组合和推盘等主要核心零件；③装配螺栓标准件。

子任务 3.6.2　装配操作步骤

1. 确定装配基准零件

1）插入零件

执行"文件"→"新建"→"装配体"命令，新建装配体文件，如图 3-6-2 所示。在"开始装配体"属性管理器中，单击"浏览"按钮，如图 3-6-3 所示，在弹出的"打开"对话框中选择任务 3.3 建立的圆盘模型文件，在绘图区中单击导入此零件。

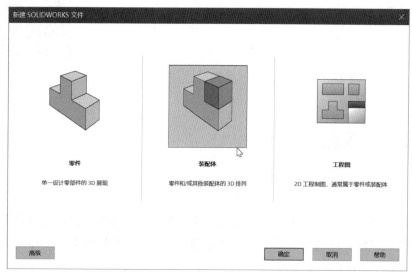

图 3-6-2　新建装配体文件

图 3-6-3　单击"浏览"按钮

2）添加配合

（1）首先，选择"圆盘"文件右击，选择"浮动"，如图 3-6-4 所示。然后，在"装配体"工具栏中，单击"配合"按钮，单击弹出的"配合"对话框右侧的小三角箭头，展开"装配体 2"的设计树，如图 3-6-5 所示。在"配合选择"中依次选入装配体的前视基准面、圆盘的上视基准面，基准面配合选择如图 3-6-6 所示，"配合对齐"选项默认"同向对齐"，单击"确定"按钮，完成装配体的前视基准面和圆盘前视基准面的重合。

（2）重复以上步骤，将装配体的上视基准面和圆盘上视基准面的重合对齐，将装配体的右视基准面和圆盘右视基准面的重合对齐，获得配合里的三个重合配合。此时，圆盘的对称面即为装配体的对称面，后续有镜向特征操作时，只需要选择装配体的基准面即可。

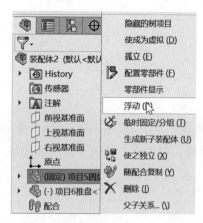

图 3-6-4　选择"浮动"

图 3-6-5　展开"装配体 2"的设计树

图 3-6-6　基准面配合选择

2. 装配刨刀组合

1）新建子装配体

（1）执行"文件"→"新建"→"装配体"命令，新建装配体文件。在"开始装配体"属性管理器中，单击"浏览"按钮，选择任务 3.5 建立的刀夹模型文件，导入此零件。

（2）单击"装配体"工具栏中的"插入零部件"按钮，单击"浏览"按钮，再按住" Ctrl"键依次选择提前准备好的刨刀文件和刀盘文件。在绘图区中单击，同时导入两个零件。

2）刨刀与刀夹槽添加配合

（1）在"装配体"工具栏中，单击"配合"按钮，在"配合选择"中依次选择刨刀底面与刀夹槽底，如图 3-6-7 所示。添加"重合"配合，"配合对齐"选项默认"同向对齐"，单击"确定"按钮，完成重合配合关系。

（2）重复以上步骤，为刨刀尾与刀夹槽尾添加距离关系，设置"距离"为 5mm，选择"反向对齐"，如图 3-6-8 所示。最后将刨刀侧面与刀夹槽侧面重合对齐，获得配合里的三个配合关系，如图 3-6-9 所示。

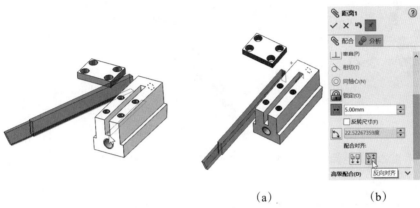 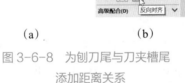 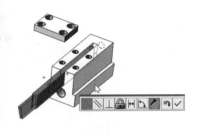

（a）　　　　　（b）

图 3-6-7　刨刀底面与刀夹槽底　　　图 3-6-8　为刨刀尾与刀夹槽尾　　　图 3-6-9　将刨刀侧面与刀夹槽侧
　　　　　　　　　　　　　　　　　　　　　　添加距离关系　　　　　　　　　　面重合对齐

（a）选择两个配合面；（b）设定距离

3）刀盘压板和刀夹配合

重复添加配合步骤，为刀盘压板和刀夹之间添加配合关系。其中，两个零件螺纹孔之间添加"同轴心"关系，如图 3-6-10 所示，设置"配合对齐"为"反向对齐"。

4）插入库零件

（1）单击展开"设计库"，如图 3-6-11 所示。执行"Toolbox"→"GB"→"螺钉"→"凹头螺钉"→"凹头盖螺钉"→"凹头盖螺钉"命令，凹头盖螺钉如图 3-6-12 所示，将凹头盖螺钉拖入装配体中。

图 3-6-10　添加"同轴心"关系

（2）在弹出的"配置零部件"属性管理器中设置"大小"为 M5，设置"长度"为 12，其余默认，配置螺钉参数如图 3-6-13 所示。单击"确定"按钮完成配置，此时会插入一个 M5 凹头盖螺钉。

（3）然后系统自动切换到"插入零部件"属性管理器，此时单击装配体，插入另一个 M5 凹头盖螺钉，如图 3-6-14 所示。

（4）参照之前的操作将螺钉与刀夹进行配合，如图 3-6-15 所示。

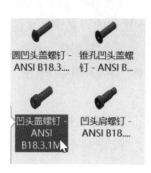

图 3-6-11　单击展开"设计库"　　图 3-6-12　凹头盖螺钉　　图 3-6-13　配置螺钉参数

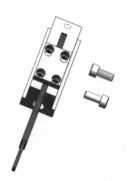

图 3-6-14　插入另一个 M5 凹头盖螺钉　　图 3-6-15　将螺钉与刀夹进行配合

5）阵列螺钉

单击"装配体"工具栏中的"线性零部件阵列"按钮，选择刀盘压板的两条边线分别作为"方向 1"和"方向 2"的阵列方向，如图 3-6-16 所示。设置"方向 1"的"间距"为 12mm，设置"方向 2"的"间距"为 20mm，设置"实例数"都为 2，阵列参数如图 3-6-17 所示。选择螺钉作为要阵列的零部件，单击"确定"按钮，螺钉阵列完成后的效果如图 3-6-18 所示。

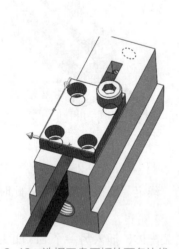

图 3-6-16　选择刀盘压板的两条边线　　图 3-6-17　阵列参数　　图 3-6-18　螺钉阵列完成后的效果

6）保存子装配体

单击"保存"按钮，将子装配体保存为"刨刀组合"文件。

3. 装配主要核心零件

1）装配刨刀组合零件

（1）单击"装配体"工具栏中的"插入零部件"按钮，弹出"插入零部件"属性管理器，单击"浏览"按钮，选择"刨刀组合"文件，在绘图区中单击导入。

（2）在"装配体"工具栏中单击"配合"按钮，选择刀夹的底面与 T 型槽底面进行配合，默认"标准配合"里的"重合"，"配合对齐"选择"反向对齐"，单击"确定"按钮完成配合。选择"高级配合"里的"宽度"，设置宽度参数；取刀夹两侧面为"薄片选择"，T 型槽两侧面为"宽度选择"。单击"确定"按钮添加"宽度"配合，完成刀夹的装配。此时，应按"Ctrl+S"组合键保存总装配体为"多刃切削装置总装配"。

2）装配多个零件

（1）单击"插入零部件"按钮，弹出"插入零部件"属性管理器，单击"浏览"按钮，按住"Ctrl"键，依次选择提前准备好的推盘文件、支撑套文件、支架套文件、铜套文件，在绘图区中依次单击导入零件，如图 3-6-19 所示。

（2）在"装配体"工具栏中单击"配合"按钮，装配铜套和推盘，如图 3-6-20 所示。

（3）再重复以上步骤，按照图 3-6-21 设置支撑套与推盘间的配合距离为 5mm，完成两个零件的装配。

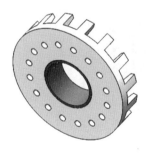
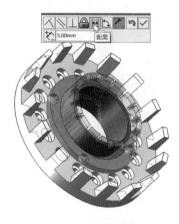

图 3-6-19　导入零件　　　图 3-6-20　装配铜套和推盘　　图 3-6-21　设置支撑套与推盘间的配合距离

（4）在"装配体"工具栏中，单击"配合"按钮，选择推盘的圆柱面与圆盘的圆柱面进行"同轴心"配合，"配合对齐"选择"反向对齐"，单击"确定"按钮完成配合。选择"高级配合"里的"宽度"，取刀夹两侧面为"薄片选择"、推刀柱两侧面为"宽度选择"，宽度配合面选择如图 3-6-22 所示。单击"确定"按钮添加"宽度"配合，完成刀夹的装配。再给刀夹推面添加"重合"配合，如图 3-6-23 所示，完成推板的配合设定。

（5）重复相应步骤，将其他零件装配进来，多个零件的装配效果如图 3-6-24 所示。

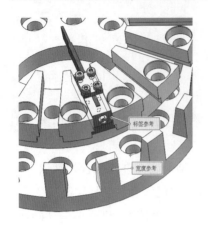

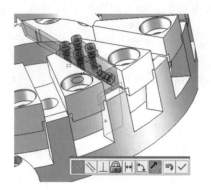

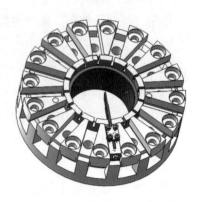

图 3-6-22　宽度配合面选择　　　图 3-6-23　刀夹推面添加"重合"配合　　图 3-6-24　多个零件的装配效果

3）添加线性关系

执行"装配体"→"配合"→"线性 / 线性耦合"命令，选择如图 3-6-25 所示的推盘面与圆盘底面进行"线性"配合，设置"距离"为 5mm，"最大距离"为 5mm，"最小距离"为 0。

4）圆周阵列刨刀组合

单击"圆周零部件阵列"命令，选择铜套的内圆柱面为阵列的中心轴，如图 3-6-26 所示。选择刨刀组合作为要阵列的零部件，勾选"等间距"，设置"实例数"为 16，单击"确定"按钮完成零部件的阵列。

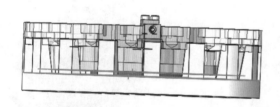

图 3-6-25　推盘面与圆盘底面　　　　　　　图 3-6-26　选择铜套的内圆柱面为阵列的中心轴

4. 插入标准件

1）插入 M12 螺钉

（1）展开"设计库"，执行"Toolbox"→"GB"→"螺钉"→"凹头螺钉"→"凹头盖螺钉"，并将凹头盖螺钉拖入装配体中。在弹出的"配置零部件"属性管理器中设置"大小"为 M12，"长度"为 50，其余默认，单击"确定"按钮完成配置，此时会插入一个 M12 螺钉。

（2）重复以上步骤，依次插入 M10×16mm、M10×30mm 螺钉各一个。

2）螺钉配合

（1）将 M12×50mm 螺钉装配到支架套上，如图 3-6-27 所示，随后圆周阵列 16 个。

（2）隐藏圆盘，如图 3-6-28 所示。

（3）将 M10×16mm 螺钉装配到支撑套上，如图 3-6-29 所示，并圆周阵列 4 个。

（4）最后将 M10×30mm 螺钉装配到推盘上，如图 3-6-30 所示，并圆周阵列 16 个。

螺钉配合完成后的效果如图 3-6-31 所示。

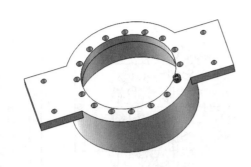

图 3-6-27 将 M12×50mm 螺钉装配到支架套上

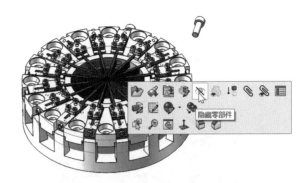

图 3-6-28 隐藏圆盘

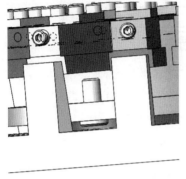

图 3-6-29 将 M10×16mm 螺钉装配到支撑套上

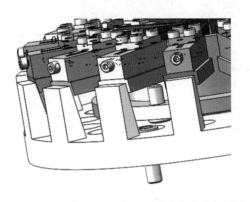

图 3-6-30 将 M10×30mm 螺钉装配到推盘上

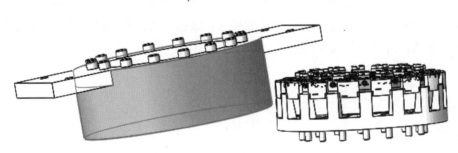

多刃切削装置装配图
制作演示视频

图 3-6-31 螺钉配合完成后的效果

5. 总装

将支撑套与圆盘装配在同轴心上，螺钉与螺孔同轴心，完成多刃切削装置总装图的装配。

任务 3.7 圆盘零件工程图

任务描述

利用 SolidWorks 2020 绘制如图 3-7-1（b）所示的圆盘零件工程图。一个零件工程图包含三大部分：一组完整的视图、足够的尺寸和技术要求。本任务以圆盘为例，介绍零件工程图的制图步骤和方法。

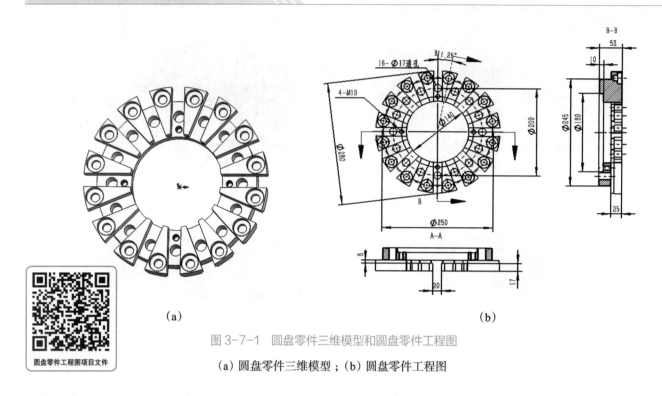

(a)   (b)

图 3-7-1　圆盘零件三维模型和圆盘零件工程图

（a）圆盘零件三维模型；（b）圆盘零件工程图

子任务 3.7.1　制图思路分析

利用 SolidWorks 2020 创建了圆盘模型后，即可利用该模型创建工程图。具体的制图思路：①选择合适的表达方式，创建三视图；②标注合适的、足够的尺寸；③标注公差和基准；④标注粗糙度和技术要求；⑤插入材料明细表格；⑥设置打印工程图。

子任务 3.7.2　制图操作步骤

1. 创建基本视图

首先要创建三视图，即"标准视图"、"剖面视图"和"旋转剖视图"（其中"旋转剖视图"的创建是难点也是重点，应领会其设计思路）。三视图创建完成后要进行适当的调整，如执行"对齐视图"和"隐藏视图边线"等操作，以符合制图规范。

1）选择合适的图纸

执行"文件"→"新建"命令，弹出"新建 SolidWorks 文件"对话框，单击"高级"按钮，在"模板"中选择"gb_a4"，单击"确定"按钮，"新建工程图"操作如图 3-7-2 所示。

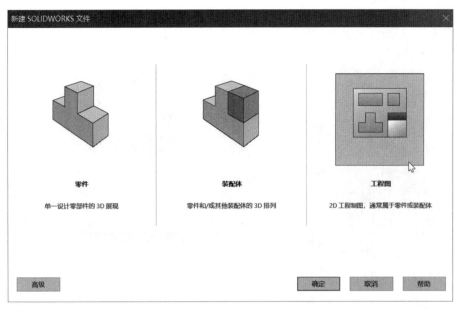

（a）

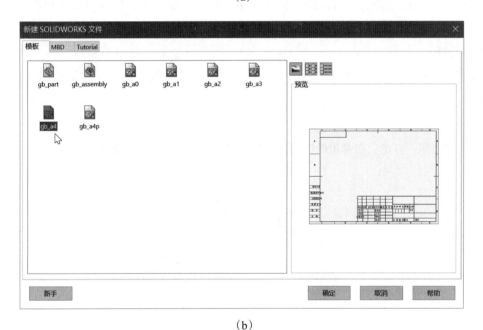

（b）

图 3-7-2　"新建工程图"操作

（a）"新建 SolidWorks 文件"对话框；（b）A4 图纸模板

2）创建标准视图

　　系统弹出"模型视图"属性管理器，单击"浏览"按钮，选择任务 3.3 创建的圆盘模型文件，其他选项默认；如果"圆盘"文件已经打开，"打开文档"中有显示，直接选择即可。选择圆盘零件的上视图为工程图的主视图，如图 3-7-3 所示。然后依次在绘图区中单击，完成标准视图的创建，标准视图如图3-7-4 所示。

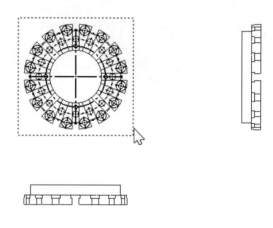

图 3-7-3　选择圆盘零件的上视图为工程图的主视图　　　　　图 3-7-4　标准视图

3）隐藏视图切边

右击视图中不需要的草图，在弹出的快捷菜单中选择"隐藏"进行隐藏草图。再次右击视图中的线段，在弹出的快捷菜单中执行"切边"→"切边不可见"命令可将切边隐藏。

4）插入中心线

删除多余的中心线，执行"插入"→"注解"→"中心符号线"命令，单击圆弧自动生成中心线，如图 3-7-5 所示。

5）删除上视图

选中上视图的边框，右击，在弹出的快捷菜单里选择"删除"，删除上视图。

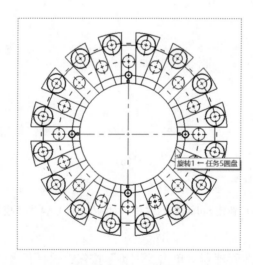

图 3-7-5　中心线

6）创建剖面视图

单击"工程图"工具栏中的"剖面视图"按钮，在绘图区的标准视图上绘制一条经过模型中心的横向剖面线，在"剖面视图辅助"属性管理器下的"剖面视图"中，选择"水平"的"切割线"。以圆中心为切割线进行剖面视图。在"剖面视图"属性管理器中，单击"反转方向"使剖切方向朝下，并勾选"自动加剖面线"和"缩放剖面线图样比例"使剖面线看起来符合要求。创建剖面视图的操作过程如图 3-7-6 所示。

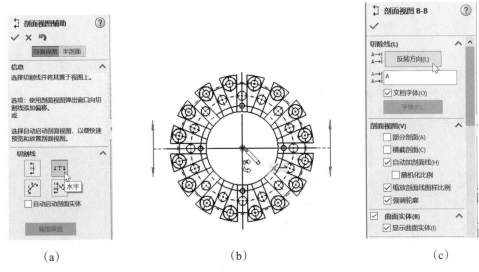

图 3-7-6 创建剖面视图的操作过程

（a）切割线选择；（b）切割线的位置；（c）"剖面视图"属性管理器设置

7）创建旋转剖视图

单击"工程图"工具栏的"剖面视图"按钮，"切割线"选择"对齐"。选择切割线通过的定位点：先选择圆心点为切割线折线的原点；接着选择沉头孔中心为 I 切割线通过点；最后选择下方通孔中心为 II 切割线通过点。在"剖面视图"属性管理器中，单击"反转方向"使剖切方向朝下，并勾选"自动加剖面线"和"缩放剖面线图样比例"，单击"确定"按钮，完成旋转剖视图创建。创建旋转剖视图的操作过程如图 3-7-7 所示。

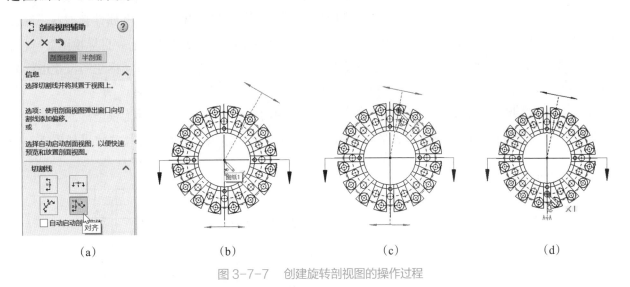

图 3-7-7 创建旋转剖视图的操作过程

（a）"切割线"选择"对齐"；（b）切割线折线的原点；（c）I 切割线通过点；（d）II 切割线通过点

8）调整剖面线

修改剖面线类型，双击剖面视图中的剖面线，在弹出的"区域剖面线／填充"属性管理器中取消选择"立即应用更改"选项，并单击"应用"，即可对剖面视图的剖面线进行操作。

9）插入中心线

执行"插入"→"注解"→"中心线"命令，单击视图中的孔轮廓线即可插入中心线，插入中心线的操作过程如图 3-7-8 所示。

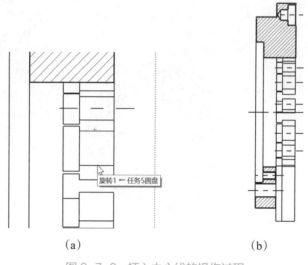

图 3-7-8　插入中心线的操作过程

（a）选择孔轮廓线；（b）左视图中心线

2. 标注

"标注"是工程图的第二大组成要素，由尺寸、公差和表面粗糙度等组成，用来向工程人员提供详细的尺寸信息和关键技术指标。

1）尺寸标注

视图的尺寸标注和"草图"模式中的尺寸标注方法类似，只是在视图中不可以对物体的实际尺寸进行更换。在视图中，既可以由系统根据已有约束自动地标注尺寸，也可以由用户根据需要手动标注尺寸。

（1）自动标注尺寸。执行"插入"→"模型项目"命令，系统弹出"模型项目"属性管理器，设置"来源"为"整个模型"，单击"为工程图标注"按钮 ，将主视图和左视图选定为"目标视图"，自动标注尺寸设置如图 3-7-9 所示。单击"确定"按钮即可自动标注尺寸，然后再对自动标注的尺寸进行适当调整即可。

（2）手动标注尺寸。单击"尺寸/几何关系"工具栏中的相应按钮，可以手动为模型标注尺寸，其中"智能尺寸"按钮 可以完成竖直、平行、弧度、直径等尺寸标注，手动标注尺寸效果如图 3-7-10 所示。

图 3-7-9　自动标注尺寸设置

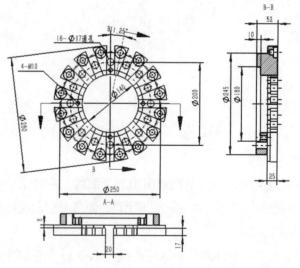

图 3-7-10　手动标注尺寸效果

2）公差标注

（1）尺寸公差。模型加工后的尺寸不可能与理论值完全相等，但通常允许在一定的范围内浮动，而这个浮动的值即为尺寸公差。

标注圆盘模型内圆的直径为 140mm，单击标注的尺寸，调出"尺寸"属性管理器，在"公差 / 精度"卷展栏的"公差类型"下拉列表中选择一公差类型，如选择"双边"，然后设置"最大变量"和"最小变量"的值（即上偏差为 0，下偏差为 – 0.040mm），单击"确定"按钮即可设置尺寸公差。尺寸公差标注效果如图 3-7-11 所示。

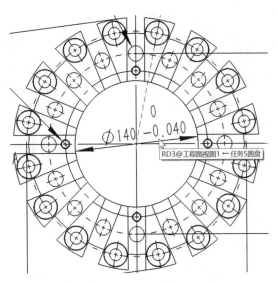

图 3-7-11　尺寸公差标注效果

"尺寸"属性管理器中各个卷展栏的作用见表 3-7-1。

表 3-7-1　"尺寸"属性管理器中各个卷展栏的作用

卷展栏	作用
样式	用于定义尺寸样式并进行管理
公差 / 精度	可选择设置多种公差或精度样式来标识视图
主要值	用于覆盖尺寸值
双制尺寸	设置使用两种尺寸单位（如 mm 和 inch）来标注同一对象

（2）形位公差。形位公差包括形状公差和位置公差。机械加工后零件的实际形状或相互位置与理想几何体规定的形状或相互位置不可避免地存在差异，形状上的差异就是形状误差，而相互位置的差异就是位置误差，这类误差影响机械产品的功能，设计时应规定相应的公差并按规定的符号标注在图样上，即标注形位公差。

标注"形位公差"的操作实例步骤如下。

①执行"插入"→"注解"→"形位公差"命令，系统弹出"形位公差"属性管理器，并同时弹出"属性"对话框，在"形位公差"属性管理器的"引线"卷展栏中选择公差的引线样式，如图 3-7-12（a）所示。

②在"属性"对话框的"符号"下拉列表中选择"垂直"，在"公差 1"文字框中输入"0.05"，再在"主要"文字框中输入"A"（表示与右侧的 A 基准垂直），形位公差"属性"设置如图 3-7-12（b）所示。

③在视图左侧竖直边线处单击，拖动鼠标设置形位公差的放置位置，完成形位公差的创建操作，如图 3-7-12（c）所示。形位公差标注效果如图 3-7-12（d）所示。

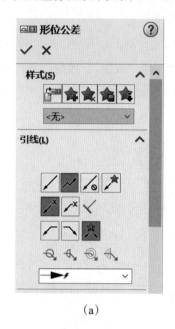

（a）

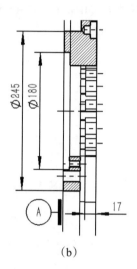

（b）

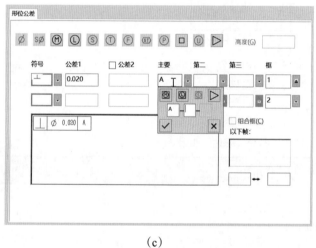

（c）

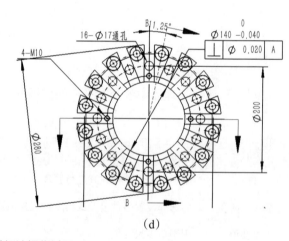

（d）

图 3-7-12　形位公差标注操作过程

（a）选择公差的引线样式；（b）形位公差"属性"设置；

（c）设置形位公差的放置位置；（d）形位公差标注效果

形位公差"属性"对话框中各按钮的作用见表 3-7-2，形位公差"属性"对话框中各选项的作用见表 3-7-3。

表 3-7-2　形位公差"属性"对话框中各按钮的作用

按钮	作用
直径 $\emptyset$	当公差带为圆形或圆柱形时，可在公差值前添加此标志
球直径 $S\emptyset$	当公差带为球形时，可在公差值前添加此标志

续表

按钮	作用
最大材质条件 Ⓜ	也称为"最大实体要求"或"最大实体原则"。用于指出当前标注的形位公差是在被测要素处于最大实体状态下给定的，当被测要素的实际尺寸小于最大实体尺寸时，允许增大形位公差的值
最小材质条件 Ⓛ	也称为"最小实体要求"或"最小实体原则"。用于指出当前标注的形位公差是在被测要素处于最小实体状态下给定的，当被测要素的实际尺寸大于最小实体尺寸时，形位公差的值将相应减少
无论特征大小如何 Ⓢ	不同于"最大材质条件"和"最小材质条件"，用于表示无论被测要素处于何种尺寸状态，形位公差的值都不变
相切基准面 Ⓣ	在公差范围内，被测要素与基准相切
自由状态 Ⓕ	适用于在成型过程中对加工硬化和热处理条件无特殊要求的产品，表示对该状态产品的力学性能不作规定
统计 ⓢⓣ	用于说明此处公差值为"统计公差"，用"统计公差"既能获得较好的经济性，又能保证产品的质量，是一种较为先进的公差方式
投影公差 Ⓟ	除指定位置公差外，还可以指定投影公差以使公差更加明确。可使用投影公差控制嵌入零件的垂直公差带

表 3-7-3　形位公差"属性"对话框中各选项的作用

选项	作用
符号	通过此选项可设置公差符号
公差	可以为公差 1 和公差 2 设置公差值
主要、第二、第三	用于输入"主要"、"第二"和"第三"基准轴的名称
框	利用该选项可以在形位公差符号中生成额外框
组合框	利用该复选框可以输入数值和材料条件符号
介于两点间	如果公差值适用于在两个点或实体之间进行测量，则可在框中输入两点标号

（3）孔标注。孔标注用于指定孔的各个参数，如深度、直径和是否带有螺纹等信息。单击"注释"工具栏的"孔标注"按钮 ⅼⒶ，然后在要标注孔的位置单击，系统将按照模型特征自动标注孔的信息，如图 3-7-13 所示。

3）表面粗糙度

模型加工后的实际表面是不平的，不平的表面上最大峰值和最小峰值的间距即为模型此处的表面粗糙度，其标注值越小，表明此处要求越高，加工难度越大。

单击"注释"工具栏的"表面粗糙度符号"按钮，在系统弹出的"表面粗糙度"属性对话框中输入粗糙度值，然后在要标注的模型表面单击，即可标注表面粗糙度，表面粗糙度标注效果如图 3-7-14 所示。

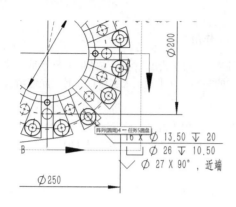

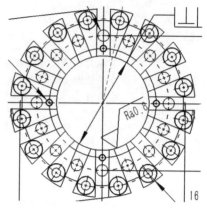

图 3-7-13　自动标注孔的信息　　　　　　　图 3-7-14　表面粗糙度标注效果

3. 设置工程图格式

通过对工程图进行相应设置可以更改工程图的页面显示，如可更改视图的样条粗细、样条的颜色、是否显示虚线、取消网格，以及实现清晰打印等。

（1）执行"工具"→"选项"命令，弹出的"系统选项"对话框默认打开"系统选项"标签，如图 3-7-15（a）所示，在此标签中可设置"工程图"的整体性能，如可设置工程图的显示类型、剖面线样式、线条颜色以及文件保存的默认位置等。如图 3-7-15（b）所示为取消"拖动工程视图时显示内容"复选框的勾选状态时拖动视图的效果，此功能可加快工程图的操作速度。

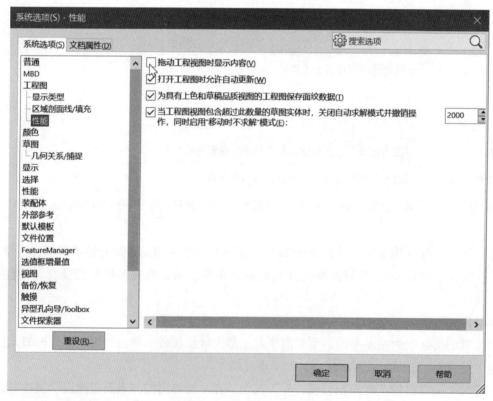

（a）

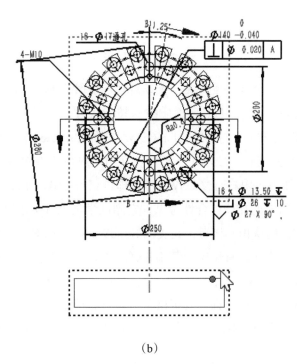

（b）

图 3-7-15　设置工程图的"系统选项"

（a）"系统选项"标签；（b）拖动视图的效果

（2）由"系统选项"标签切换到"文档属性"标签，如图 3-7-16 所示，在此标签中主要可设置"注释"的样式，如可设置注释的线性、尺寸和字体等参数。

圆盘零件工程图制图
演示视频

图 3-7-16　"文档属性"标签

本任务详细讲解了工程图制图的操作步骤，工程图是当机械实体设计已经完成后导出图纸的建模工具，工程图最主要工作的就是根据零件表达方法创建和编辑视图以及技术标注。

拓展阅读

CSWA 认证

中共中央办公厅、国务院办公厅印发《关于推动现代职业教育高质量发展的意见》并发出通知，强调加快构建现代职业教育体系，培养更多高素质技术技能人才、能工巧匠、大国工匠。其中，CSWA认证是体现技术技能人才能力的一项重要认证。CSWA 全称 Certified SolidWorks Associate，一般称为 SolidWorks 认证助理工程师证书考试。CSWA 认证能够证明用户在 SolidWorks、3D 实体建模技术、设计概念上以及参与专业开发的能力，用户通过 CSWA 考试即可获得 CSWA 认证。

CSWA 考试是一种有人监考的在线综合性考试，它测试学员的 3D 建模能力、工程原理的应用、设计过程的使用以及对行业惯例的认识。该考试是美国 SolidWorks 公司对全球各类学校学生的官方认证考试，其考题由计算机自动随机生成，每位考生都不一样。考试在互联网上进行，总分为 240 分，考试及格线为 165 分。CSWA 考试时间 180 分钟，自动计时，自动评卷打分，考生可当场获知考试结果。该证书在美国 SolidWorks 公司网站上可以查询，其资格全球认可。根据 SolidWorks 公司与中国机械工程学会机械设计分会达成的协议，凡取得 CSWA 证书的学生，如申请见习机械设计师资格考试，其中机考可以免考。

项目 4

典型零部件建模

项目概述

本项目针对典型零部件进行建模设计，这些零部件在设计时必须按照机械行业标准进行设计。本项目通过设计一套常见设备的实践过程，介绍标准件及设备的建模方法及步骤。

目标导航

知识目标

① 了解齿轮标准件各尺寸之间的关系，并能准确应用。

② 理解扫描的轮廓和路径草图所在的基准面关系。

③ 掌握合适的机件表达方法以及公差技术要求。

能力目标

① 掌握拉伸凸台、旋转凸台和扫描凸台等多种特征建模操作方法，并能灵活应用。

② 掌握参数化建模操作方法。

③ 掌握装配体、装配动画的操作方法及步骤。

素养目标

培养刻苦钻研、善于思考的良好品质。

任务 4.1　主轴建模

任务描述

利用 SolidWorks 2020 建立如图 4-1-1 所示的传动轴模型。传动轴是典型的轴对称零件，可以通过"旋转凸台 / 基体"特征来进行建模，螺纹部分可以画成实际形状，也可以用螺纹装饰线来表达。

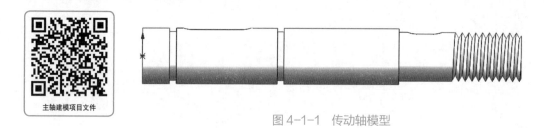

主轴建模项目文件

图 4-1-1　传动轴模型

子任务 4.1.1　建模思路分析

传动轴是一个轴对称零件，该零件建模主要包括以下 3 步：①利用旋转成形生成传动轴的基体；②利用拉伸切除制作出键槽；③利用倒角插入螺旋线等，完善细节。

子任务 4.1.2　建模操作步骤

1. 绘制基体

（1）单击"前视基准面"，在弹出的关联菜单中单击"草图绘制"按钮，进入草图绘制。先绘制一条水平中心线，然后绘制截面形状并标注尺寸，如图 4-1-2 所示。绘制完成后单击"退出草图"按钮，退出草图绘制。

（2）单击"旋转凸台 / 基体"按钮，系统弹出"旋转"属性管理器，选择中心线为"旋转轴"，设置"方向 1"角度为 360°，其余默认，单击"确定"按钮完成基体旋转。

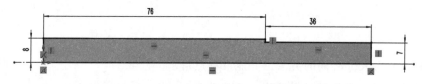

图 4-1-2　绘制截面形状并标注尺寸

2. 拉伸切除键槽

（1）单击"上视基准面"，执行"特征"→"参考几何体"→"基准面"命令，设置"等距量"为 7mm，新建与上视基准面平行方向上的基准面，单击生成"基准面 1"，如图 4-1-3 所示。

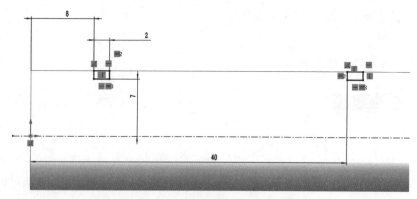

图 4-1-3　新建基准面

（2）选择"上视基准面"为绘制草图的基准面进行草图绘制，绘制键槽如图 4-1-4 所示。执行"特征"→"拉伸切除"命令，选中草图 1 作为切除面草图，设置开始条件为"等距"，设置"等距值"为

5mm，设置"给定深度"为 10mm，"方向 1"选择"反向"，单击"确定"按钮，拉伸切除键槽。

（3）重复上述步骤，切除第二个键槽，尺寸如图 4-1-5 所示。执行"特征"→"拉伸切除"命令，选中草图 1 作为切除面草图，设置开始条件为"等距"，设置"等距值"为 4mm，设置"给定深度"为 10mm，"方向 1"选择"反向"，单击"确定"按钮，拉伸切除第二个键槽。

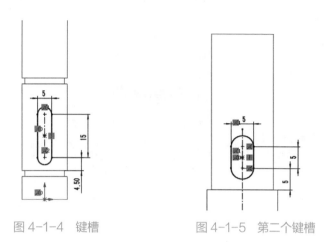

图 4-1-4　键槽　　　　　　　　图 4-1-5　第二个键槽

3. 扫描螺旋线

1）绘制螺旋线投影圆

选择轴的圆柱前表面作为绘制草图的基准面，如图 4-1-6 所示。绘制一个直径为 14mm 的圆，并标注尺寸作为草图。

2）生成螺旋线

执行"插入"→"曲线"→"螺旋线／涡状线"命令，插入螺旋线。选择圆作为螺旋线的横断面，在"螺旋线／涡状线 1"属性管理器中设置"定义方式"为"螺距和圈数"，设置"参数"为"恒定螺距"，"螺距"为 2mm，勾选"反向"，设置"圈数"为 10，起始角度为 0°，选择"逆时针"，单击"确定"按钮创建螺旋线 1。

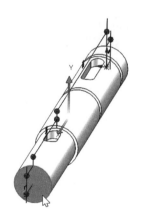

图 4-1-6　轴的圆柱前表面

3）新建基准面

（1）选择"旋转 1"，在弹出的快捷菜单里单击"隐藏"按钮，隐藏圆柱，如图 4-1-7 所示。

（2）选择螺旋线的起点，执行"特征"→"参考几何体"→"基准面"命令新建草图基准面，选择上视基准面作为第二参考，如图 4-1-8 所示，单击"确定"按钮后获得"基准面 1"。

（3）选择"基准面 1"作为绘制草图的基准面，进入草图绘制，在如图 4-1-9 所示的螺旋线起点处绘制一条水平中心线，再绘制一个边长为 1.99mm 的等边三角形作为螺旋线截面，并标注尺寸，单击"退出草图"按钮退出草图绘制。

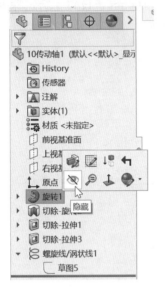  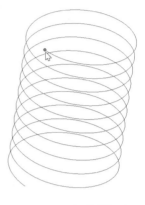

图 4-1-7　隐藏圆柱　　　　　图 4-1-8　选择上视基准面作为第二参考　　　　图 4-1-9　螺旋线起点

4）扫描切除螺旋线

选择"旋转 1"，在弹出的快捷菜单里单击"显示"，使圆柱显示出来。执行"特征"→"扫描切除"命令，系统弹出"切除 – 扫描"属性管理器，在"轮廓和路径"中选择"草图轮廓"，"轮廓"选择刚绘制的等边三角形，路径选择螺旋线，单击"确定"按钮完成螺旋线扫描切除，如图 4-1-10 所示。至此，建模完毕。

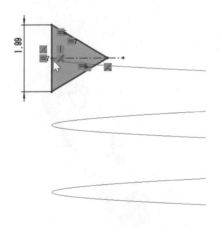

主轴建模演示视频

图 4-1-10　完成螺旋线扫描切除

任务 4.2　圆柱齿轮建模

任务描述

利用 SolidWorks 2020 建立如图 4-2-1 所示的圆柱齿轮模型。齿轮的建模是典型的参数化零件设计，其主要尺寸是以模数、齿数、压力角这些标准值运算出来的，不需要人为标注。

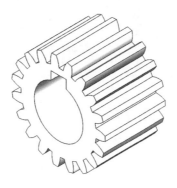

图 4-2-1　圆柱齿轮模型

圆柱齿轮建模项目文件

子任务 4.2.1　建模思路分析

通过分析图 4-2-1 可知，圆柱齿轮由圆柱和轮齿圆周阵列而成，中间圆柱为空心。建模按照由内到外的顺序进行，具体的建模思路：①建立一个圆柱；②绘制轮齿；③圆周阵列轮齿。

子任务 4.2.2　建模操作步骤

1. 定义全局变量和方程式

（1）执行"工具"→"方程式"命令，弹出"方程式、整体变量、及尺寸"对话框。单击"全局变量"下的空格，输入 m，按"Enter"键，输入数值 1.5，完成齿轮模数初值的定义。

（2）重复以上操作，输入如图 4-2-2（a）所示变量，定义全局变量。

（3）定义完全局变量，再输入如图 4-2-2（b）所示的几个齿轮的几何计算公式。

（a）

（b）

图 4-2-2　定义全局变量和方程式

（a）定义全局变量；（b）齿轮的几何计算公式

2. 绘制渐开线

1）绘制基圆

单击"前视基准面"，在弹出的关联菜单中单击"草图绘制"按钮，进入草图绘制。以坐标原点为圆心绘制圆，用"智能尺寸"命令进行标注，在弹出的尺寸修改对话框中，输入"=db"，即可以之前定义的变量 db 给该圆直径赋值，如图 4-2-3（a）所示。单击"确定"按钮，即可得到如图 4-2-3（b）所示的基圆。

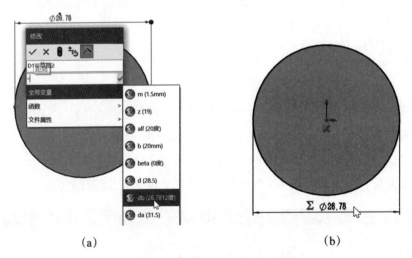

（a）　　　　　　　　　　　　　（b）

图 4-2-3　绘制基圆的过程

（a）给圆直径赋值；（b）基圆

2）绘制发生线和渐开线

（1）对基圆四分之一圆弧范围进行三等分。

（2）先做出第一个点的发生线，即与圆弧相切的线段，由机械基础知识可知，该段发生线长度应该是基圆周长的十二分之一，在尺寸修改对话框中应该输入 ="db"*pi/12。

（3）接着做出第二个等分点的发生线，长度是 ="db"*pi/6，或者输入一条发生线长度的两倍。

（4）第三个等分点的发生线，长度是 ="db"*pi/4，或者是第一条发生线长度的 3 倍。

（5）最后用样条曲线依次连接发生线端点及基圆上的起点，即可获得渐开线，绘制发生线和渐开线的过程如图 4-2-4 所示。

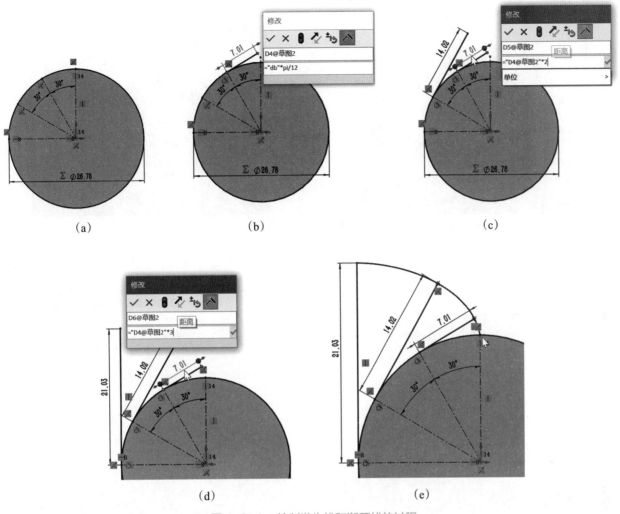

图 4-2-4　绘制发生线和渐开线的过程

（a）三等分基圆四分之一圆弧范围；（b）利用方程式标注第一段发生线；（c）利用方程式标注第二段发生线；
（d）利用方程式标注三段发生线；（e）依次连接发生线的端点

3. 拉伸单个轮齿

1）绘制另一侧渐开线

（1）因为齿轮的轮齿是左右对称的，因此可以考虑用镜向的方法绘制出另一侧的齿廓曲线。首先过圆心绘制一条构造线作为镜向中心线，通过草图镜向操作即可得到另一侧渐开线，如图 4-2-5 所示。

虽然通过镜向得到了另一侧渐开线，但是位置并没有确定下来。由机械基础的知识可以知道，在分度圆上齿厚和齿槽宽是相等的，都是齿距的一半。因此考虑可以利用分度圆的关系来确定两条渐开线的位置。

（2）绘制一个与基圆同心的圆，并将直径标注为"d"，即得分度圆，如图 4-2-6 所示。然后剪裁分度圆，如图 4-2-7（a）所示，仅保留两条渐开线中间的一段，注意一定要保证该圆弧与两条渐开线有重合约束关系。将该圆弧弧长标注为先前定义的变量"s"，打开尺寸标注，先单击圆弧，再分别单击两个端点即可标注圆弧弧长，如图 4-2-7（b）所示。单击"确定"按钮，此时，两条渐开线已经完全约束了。

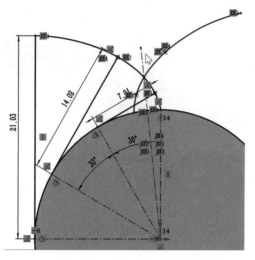

图 4-2-5　另一侧渐开线

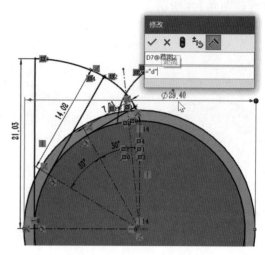

图 4-2-6　分度圆

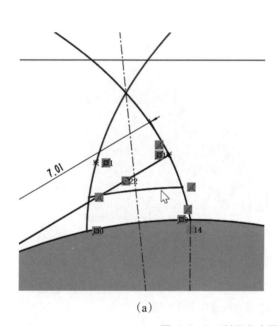

(a)

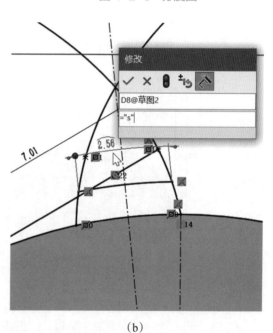

(b)

图 4-2-7　利用分度圆的关系确定两条渐开线的位置

（a）剪裁分度圆；（b）标注圆弧弧长

2）绘制齿顶圆和齿根圆

绘制与基圆同心的两个圆，分别将直径标注为"da"和"df"，即可得到如图 4-2-8 所示的齿顶圆和齿根圆。此时一个轮齿的齿形已经基本形成。

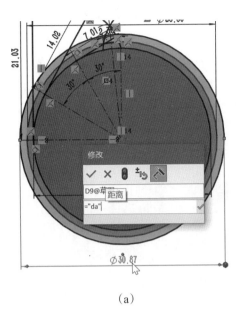
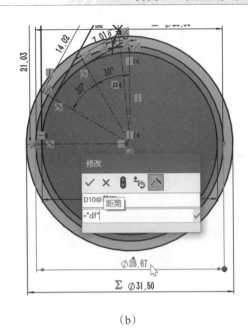

(a)   (b)

图 4-2-8 齿顶圆和齿根圆

(a) 绘制齿顶圆；(b) 绘制齿根圆

3）绘制完整齿廓

绘制完整齿廓需要用到如图 4-2-9（a）所示的两条渐开线、齿顶圆和齿根圆，所以先将渐开线延伸到齿根圆上，将分度圆弧长改成构造线或者删除此弧线，再修剪多余的线段，即可得到一个完整的齿廓，如图 4-2-9（b）所示。

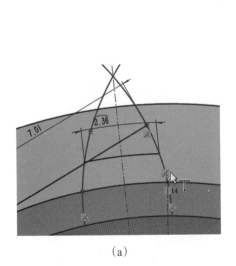
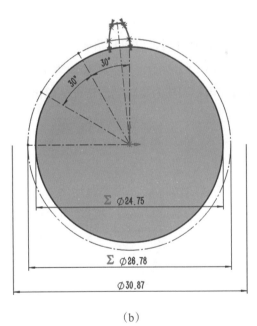

(a)   (b)

图 4-2-9 绘制完整齿廓

(a) 两条渐开线、齿顶圆和齿根圆；(b) 完整的齿廓

4）拉伸单个轮齿和齿根圆

通过两次拉伸操作，分别拉伸出轮齿和齿根圆。

（1）先拉伸齿根圆，选择刚绘制的"草图 2"，执行"特征"→"拉伸凸台 / 基体"命令，在"凸台 -

拉伸 2"属性管理器中选择"给定深度",设置"深度"为 24mm,"所选轮廓"选择"齿根圆",拉伸齿根圆设置如图 4-2-10 所示,单击"确定"按钮完成拉伸。

（2）在"特征"管理器里展开"凸台–拉伸 2",单击"草图 2",如图 4-2-11 所示。执行"特征"→"拉伸凸台 / 基体"命令,拉伸单个轮齿,设置"给定深度"为 24mm,最后单个轮齿的效果如图 4-2-12 所示。

图 4-2-10　拉伸齿根圆设置

图 4-2-11　单击"草图 2"

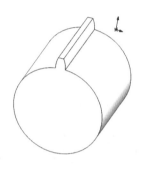
图 4-2-12　单个轮齿的效果

4. 阵列全部轮齿

（1）利用圆周阵列,设置"角度"为 360°,设置"实例数"为 19,"阵列（圆周）1"属性管理器设置如图 4-2-13（a）所示,选择圆柱面为基准轴时,软件自动求得圆柱面的中心线作为阵列轴,然后选择单个轮齿和齿根圆柱为要阵列的特征,轮齿最终阵列效果如图 4-2-13（b）所示。

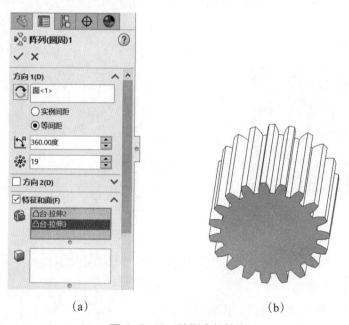
（a）　　　　　　　　　　　　（b）

图 4-2-13　阵列全部轮齿

（a）"阵列（圆周）1"属性管理器设置；（b）轮齿最终阵列效果

（2）单击某一轮齿，显示阵列参数，双击"19"，弹出"修改"对话框，输入 ="z"，即实现将齿数"z"赋值给阵列参数，赋值齿数如图 4-2-14 所示。用同样的方法，显示齿轮宽度，双击"24"，出现弹出"修改"对话框，输入 ="b"，即实现将齿轮宽度"b"赋值给拉伸深度，赋值齿轮宽度如图 4-2-15 所示。最后用此方法将齿根圆的宽度也设定成 ="b" 即可。

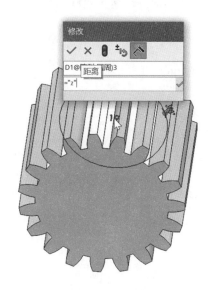

图 4-2-14 赋值齿数

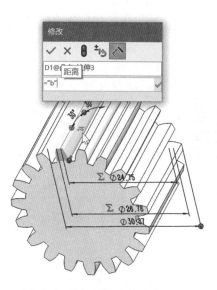

图 4-2-15 赋值齿轮宽度

5. 切除孔和键槽

选择齿轮前表面为绘制草图的基准面，绘制直径为 16mm 的圆，设置"深度"为 ="b"，即可切除孔，如图 4-2-16 所示。用同样的方法，以如图 4-2-17 所示的草图形状切除键槽。至此，建模完毕。

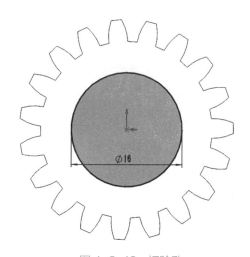

图 4-2-16 切除孔

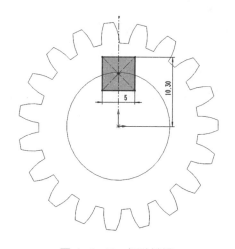

图 4-2-17 切除键槽

圆柱齿轮建模演示视频

89

任务 4.3　**手轮建模**

任务描述

利用 SolidWorks 2020 建立如图 4-3-1 所示的手轮模型。手轮为轴对称模型，此模型一般通过"旋转凸台 / 基体"得到模型主体，再扫描出加强曲面支撑筋。

手轮建模项目文件

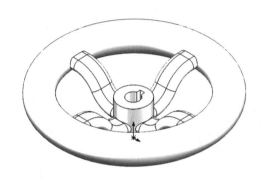

图 4-3-1　手轮模型

子任务 4.3.1　建模思路分析

手轮有细长弯曲的部分，即轮辐，这部分结构是通过扫描实现建模的，即一个截面草图通过沿着一个路径草图扫描得到实体。手轮模型建模的整体思路：①利用旋转成形创建手轮外圈；②利用扫描成形创建手轮轮辐；③创建手轮细节特征。

子任务 4.3.2　建模操作步骤

1. 旋转成形

（1）单击"前视基准面"，在弹出的关联菜单中单击"草图绘制"按钮，绘制如图 4-3-2 所示的手轮基本草图，绘制完成后单击"退出草图"，退出草图绘制。

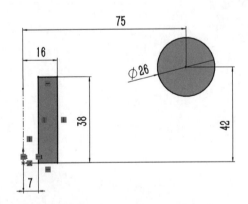

图 4-3-2　手轮基本草图

（2）单击"旋转凸台 / 基体"按钮，在"旋转"属性管理器中选择旋转轴并输入相关参数，手轮旋转参数如图 4-3-3（a）所示，其他选项默认。单击"旋转"属性管理器中的"确定"按钮，生成实体基座，即得手轮旋转模型，如图 4-3-3（b）所示。

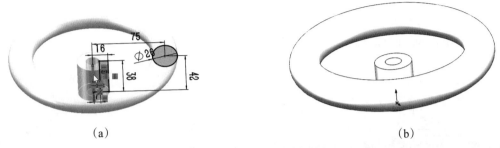

（a） （b）

图 4-3-3 手轮旋转成形过程

（a）手轮旋转参数；（b）手轮旋转模型

2. 扫描成形

（1）单击"前视基准面"，如图 4-3-4（a）所示，在弹出的关联菜单中单击"草图绘制"按钮，进入草图绘制。绘制如图 4-3-4（b）所示的扫描草图后单击"退出草图"按钮，退出草图绘制。

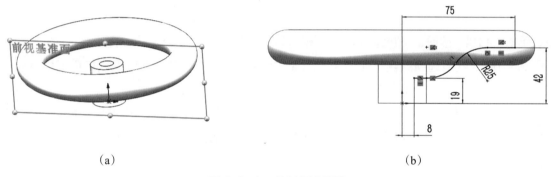

（a） （b）

图 4-3-4 绘制扫描草图

（a）单击"前视基准面"；（b）扫描草图

（2）单击"右视基准面"，执行"插入"→"参考几何体"→"基准面"命令，在弹出的"基准面"属性管理器中单击"右视基准面"，并在"第二参考"中单击草图 2 的端点，其他选项默认，单击"确定"按钮，即可插入基准面 1，如图 4-3-5 所示。

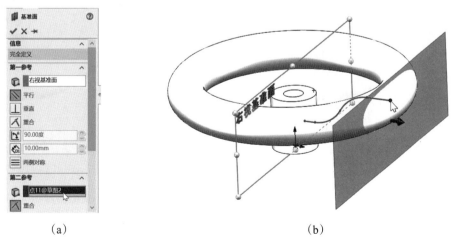

（a） （b）

图 4-3-5 插入基准面 1

（a）"基准面"属性管理器；（b）显示新建基准面

（3）单击基准面 1，以其作为基准面绘制草图，在弹出的关联菜单中单击"草图绘制"按钮，进入草图绘制，绘制如图 4-3-6（a）所示的圆槽口草图并标注尺寸。按住" Ctrl"键，选中圆槽口中心点和轨迹的直线，如图 4-3-6（b）所示，添加几何关系为"穿透"，如图 4-3-6（c）所示。绘制完成后单击"退出草图"按钮，退出草图绘制环境。

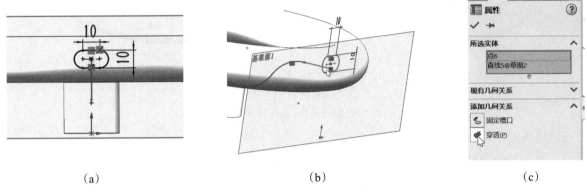

| (a) | (b) | (c) |

图 4-3-6　绘制单个手轮轮幅草图

（a）圆槽口草图；（b）选中圆槽口中心点和轨迹的直线；（c）添加几何关系为"穿透"

（4）单击"扫描"按钮 🖋，在弹出的"扫描"属性管理器中单击所要扫描的轮廓和路径，"特征范围"选择"所选实体"，其他选项默认，如图 4-3-7（a）所示。单击"确定"按钮生成扫描实体，如图 4-3-7（b）所示。

（5）单击"圆周阵列"按钮 🔘，在弹出的"阵列（圆周）1"属性管理器中设置参数，如图 4-3-8（a）所示。选择孔中心圆柱面作为阵列中心轴，如图 4-3-8（b）所示，其他选项默认。单击"确定"按钮，生成阵列体。

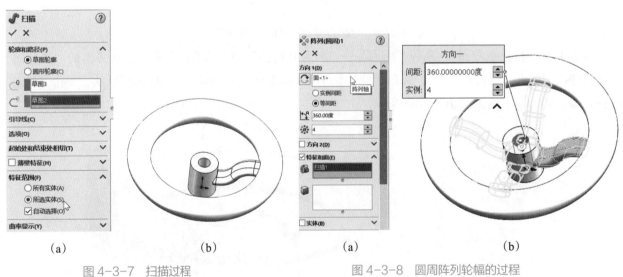

| (a) | (b) | (a) | (b) |

| 图 4-3-7　扫描过程 | 图 4-3-8　圆周阵列轮幅的过程 |

| （a）"扫描"属性管理器；（b）扫描实体 | （a）"阵列（圆周）1"属性管理器；
（b）选择孔中心圆柱面作为阵列中心轴 |

3. 创建手轮细节特征

（1）单击"上视基准面"，在弹出的关联菜单中单击"草图绘制"按钮，绘制如图 4-3-9 所示的手轮细节草图，绘制完成后单击"退出草图"按钮，退出草图绘制。

（2）单击"拉伸切除"按钮⬛调出"切除－拉伸"属性管理器，"方向 1"选择"完全贯穿"，并单击"反向"，其他选项默认，"切除－拉伸"属性管理器设置如图 4-3-10 所示。单击"确定"按钮，生成实体基座，至此，建模完毕。

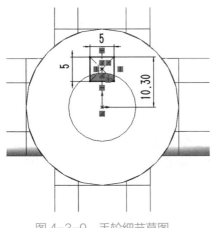

图 4-3-9 手轮细节草图

图 4-3-10 "切除－拉伸"属性管理器设置

手轮建模演示视频

任务 4.4 基座铸件建模

任务描述

利用 SolidWorks 2020 建立如图 4-4-1 所示的齿轮泵基座模型。此铸造件为一次浇筑成型，但建模仍然通过单个特征叠加、切除完成。

图 4-4-1 齿轮泵基座模型

子任务 4.4.1 建模思路分析

通过分析图 4-4-1 可知，齿轮泵基座由主要基体和底座连接而成。中间椭圆架为空心并且有 6 个沉头孔。建模按照由内而外的方法进行，先基体架，再做侧面进油孔，最后建立底座。主要步骤：①建立一个基体和底座；②建立两侧进油孔；③打孔；④倒圆角。

子任务 4.4.2　建模操作步骤

1. 建立基本结构

1）建立主体模型

（1）单击"前视基准面"，在弹出的关联菜单中单击"草图绘制"按钮，进入草图绘制。绘制如图 4-4-2 所示主体草图截面，完成后单击"退出草图"按钮，退出草图绘制。

（2）单击"拉伸凸台 / 基体"按钮，弹出"凸台 - 拉伸"属性管理器，"方向 1"选择"两侧对称"，设置"深度"为 24mm，其他选项默认。单击"确定"按钮生成实体基座，即得主体模型。

2）建立底座模型

（1）单击"前视基准面"，在弹出的关联菜单中单击"草图绘制"按钮，进入草图绘制，绘制如图 4-4-3 所示的底座架，绘制完成后单击"退出草图"按钮，退出草图绘制。

（2）单击"拉伸凸台 / 基体"按钮，弹出"凸台 - 拉伸"属性管理器，"方向 1"选择"两侧对称"，设置"深度"为 16mm，其他选项默认。单击"确定"按钮，生成实体基座架，即得底座模型。

3）切除内腔

（1）选择基体表面为绘制草图的基准面，在弹出的关联菜单中单击"草图绘制"按钮，进入草图绘制。绘制如图 4-4-4 所示的内腔草图，完成后单击"退出草图"按钮，退出草图绘制。

（2）单击"拉伸切除"按钮，对圆进行拉伸切除，设置"深度"为"完全贯穿"，单击"确定"按钮，完成内腔的切除。

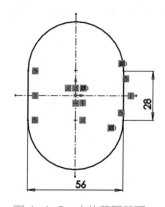

图 4-4-2　主体草图截面

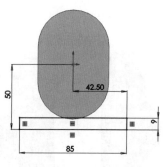

图 4-4-3　底座架

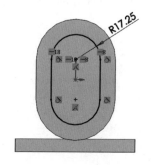

图 4-4-4　内腔草图

2. 建立两侧进油孔

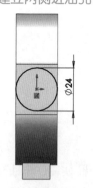

图 4-4-5　以原点为圆心绘制一个直径为 24mm 的圆

1）建立实体基座架模型

（1）单击主架右侧，在弹出的关联菜单中单击"草图绘制"按钮，进入草图绘制。以原点为圆心绘制一个直径为 24mm 的圆，如图 4-4-5 所示。绘制完成后单击"退出草图"按钮，退出草图绘制。

（2）单击"拉伸凸台 / 基体"按钮，弹出"凸台 - 拉伸"属性管理器，设置"深度"为 7mm，其他选项默认。单击"确定"按钮，生成实体基座架，即得实体模型。

2）切除螺纹孔

单击小圆柱前表面作为绘制草图的基准面，异型孔平面如图 4-4-6 所示。单击"异型孔向导"按钮，弹出"孔规格"属性管理器，在"孔类型"中选择直螺纹孔，设置"标准"为 GB，设置"类型"为螺纹孔，设置"孔规格"大小为 M16，设置"给定深度"为 30mm，其余默认。设置好 M16 螺纹孔的类型后，单击"孔规格"属性管理器的"位置"，切换到孔中心定位界面，在原点位置绘制一个点，最后单击"确定"按钮，完成螺纹孔的切除。

3）镜向

单击"特征"工具栏的"镜向"按钮，选择"右视基准面"为镜向面，如图 4-4-7 所示，选择实体基座架和 M16 螺纹孔为"要镜向的特征"，单击"确定"按钮，完成镜向。

图 4-4-6　异型孔平面

图 4-4-7　镜向面

3. 打孔

1）切除主体模型螺纹孔

（1）选择主体模型的前表面作为绘制草图的基准面。单击"异型孔向导"按钮，弹出"孔规格"属性管理器，在"孔类型"中选择直螺纹孔，设置"标准"为 GB，设置"类型"为螺纹孔，设置"孔规格"大小为 M6，设置"深度"为完全贯穿，其余默认。设置好 M16 螺纹孔的类型后，单击"孔规格"属性管理器的"位置"，切换到孔中心定位界面，在原点位置绘制一个点，如图 4-4-8 所示，最后单击"确定"按钮，完成 M6 螺纹孔的切除。

（2）执行"特征"→"圆周阵列"命令，选择主体模型的上圆柱面为阵列轴，软件会自动找到该圆柱面的中心轴作为圆周阵列轴，如图 4-4-9 所示。"要阵列的特征"选择 M6 螺纹孔，"可跳过的实例"选择 3 号孔，跳过该实例，最后选择"上视基准面"作为镜向面，选择孔，完成阵列。

（3）单击"特征"工具栏的"镜向"按钮，选择"上视基准面"为镜向面，选择"M6 螺纹孔 1"和"阵列 1"为镜向特征，单击"确定"按钮，完成镜向。

2）切除销钉孔

单击圆柱前表面作为绘制草图的基准面，以如图 4-4-10 所示的销钉孔尺寸绘制草图。执行"特征"→"拉伸切除"命令，"方向 1"选择"完全贯穿"，单击"确定"按钮，完成销钉孔的切除。

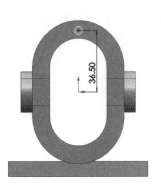

图 4-4-8 在原点位置绘制一个点

图 4-4-9 圆周阵列轴

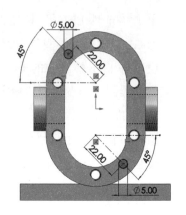

图 4-4-10 销钉孔尺寸

3）切除底板孔和底板槽

（1）单击底座模型底面作为绘制草图的基准面，绘制如图 4-4-11 所示的底板孔。执行"特征"→"拉伸切除"命令，设置"深度"为 10mm，单击"确定"按钮，完成底板孔的切除。

（2）选择底座模型底面进行草图绘制，绘制如图 4-4-12 所示的底板槽，单击"拉伸切除"按钮进行切除。

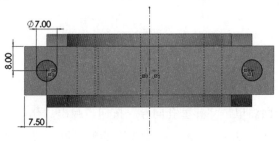

图 4-4-11 底板孔

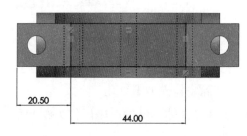

图 4-4-12 底板槽

4. 倒圆角

1）圆角 1

执行"特征"→"圆角"命令，并选择如图 4-4-13 所示的圆角 1 边线，进行倒圆角，圆角半径设置为 3mm，单击"确定"按钮，完成圆角 1 的建模。

2）圆角 2

继续执行"圆角"命令，并选择如图 4-4-14 所示的圆角 2 边线，进行倒圆角，圆角半径设置为 5mm，单击"确定"按钮，完成圆角 2 的建模。至此，建模完毕。

基座铸件建模演示视频

图 4-4-13 圆角 1 边线

图 4-4-14 圆角 2 边线

任务 4.5　齿轮泵装配

任务描述

利用 SolidWorks 2020 建立如图 4-5-1 所示的齿轮泵装配模型。齿轮泵装配以基座为基础,逐步插入零件并设定配合关系,新建部件装配体,再插入本装配体中,装配成主装配体,最后设定爆炸路径显示零件之间的关系和分布。

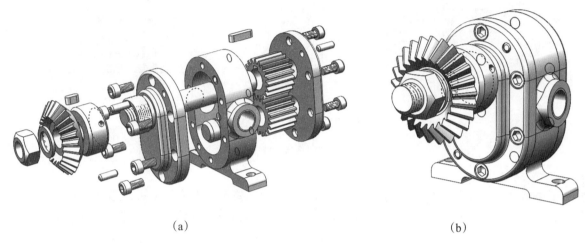

（a）　　　　　　　　　　　　　　　　　　（b）

图 4-5-1　齿轮泵装配模型

（a）齿轮泵爆炸图；（b）齿轮泵装配图

子任务 4.5.1　装配思路分析

机械装配的一般思路:首先确定装配定位基准,其次装配内部核心零部件,最后装配外围的零件。齿轮泵装配的具体思路:①首先确定一个装配基准零件,以此作为其他零件的装配定位基准;②装配齿轮泵的核心零件;③装配外围零件;④对装配体进行干涉检查;⑤对装配体生产爆炸视图。

子任务 4.5.2　装配操作步骤

1. 确定装配基准零件

（1）新建一个装配体文件,在"开始装配体"属性管理器中,单击"浏览"按钮,在弹出的"打开"对话框中选择任务 4.4 建立的齿轮泵基座文件,在绘图区中单击导入此零件。

（2）在"装配体"工具栏中,单击"配合"按钮,单击弹出的"配合"对话框右侧的小三角箭头,展开"装配体 1"的设计树,在"配合选择"中依次选入装配体的前视基准面、齿轮泵基座的前视基准面,"配合对齐"选项默认"同向对齐",单击"确定"按钮,完成装配体的前视基准面和齿轮泵基座的前视基准面的重合。重复此步骤,将装配体的上视基准面和齿轮泵基座的上视基准面的重合对齐,最后将装配体的右视基准面和齿轮泵基座的右视基准面的重合对齐,获得配合里的三个重合配合,装配体基准面与齿轮泵基准面的重合设置过程如图 4-5-2 所示。此时,基座的对称面也就是装配体整体的对称面,后续有镜向特征时只需要选择装配体的基准面即可。

(a)

(b)

图 4-5-2　装配体基准面与齿轮泵基准面的重合设置过程

(a) 两个前视基准面重合；(b) 配合关系列表

（3）单击"装配体"工具栏中的"插入零部件"按钮，单击"浏览"按钮，选择提前准备好的齿轮泵前盖文件，在绘图区中单击导入齿轮泵前盖文件，如图 4-5-3 所示。在"装配体"工具栏中，单击"配合"按钮，选择前盖的平面与基座的背面进行配合，如图 4-5-4 所示。添加"重合"配合，"配合对齐"选项默认"反向对齐"，"重合"配合设置如图 4-5-5 所示。选择前盖的左上销钉孔与基座的销钉孔进行配合，系统默认添加"同轴心"配合，同轴心参数设置如图 4-5-6 所示。继续选择前盖的下螺钉孔与基座的螺钉孔，添加"同轴心"配合，完成前盖的装配。此时，按"Ctrl+S"组合键保存总装配体为"齿轮泵总装配"。

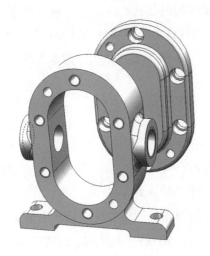

图 4-5-3　导入齿轮泵前盖文件

图 4-5-4　选择前盖的平面与基座的背面

图 4-5-5　"重合"配合设置

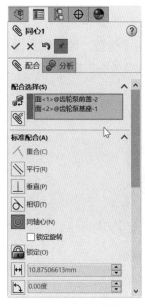

图 4-5-6　同轴心参数设置

2. 装配传动轴

1）导入多个零件

新建一个子装配体，单击"装配体"工具栏中的"插入零部件"按钮，单击"浏览"按钮，按住 "Ctrl"键同时选择提前准备好的传动轴文件、平键 1 文件、平键 2 文件和圆柱齿轮 1 文件，在绘图区单击，同时导入四个零件。

2）装配平键

（1）选择平键 1 的下表面和传动轴的键槽面，如图 4-5-7 所示，添加"重合"配合；选择键槽的上圆弧面和平键 1 的上圆弧面，如图 4-5-8 所示，添加"同轴心"配合；选择键槽的左侧面和平键 1 的左侧面，如图 4-5-9 所示，添加"重合"配合，完成平键 1 的装配。

（2）重复以上操作，完成平键 2 的装配。

图 4-5-7　平键 1 的下表面和传动
轴的键槽面

图 4-5-8　键槽的上圆弧面和平键 1
的上圆弧面

图 4-5-9　键槽的左侧面和平键 1
的左侧面

3）装配圆柱齿轮

选择圆柱齿轮的内圆柱面与传动轴外圆柱面，如图 4-5-10 所示，添加"同轴心"配合。然后，在"高级配合"中选择"宽度"来做等宽配合，在"宽度选择"中选择圆柱齿轮键槽的两个内侧面，在"薄片选择"中选择平键 1 的两个侧面，等宽配合设置如图 4-5-11 所示。选择齿轮的前端面与传动轴推刀槽侧面，如图 4-5-12 所示，添加"重合"配合。最后，按"Ctrl+S"组合键，保存文件为"传动轴装配体"。

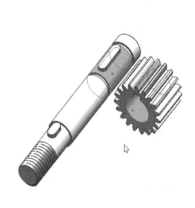

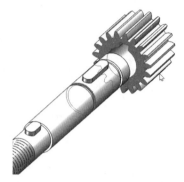

图 4-5-10　圆柱齿轮的内圆柱面
与传动轴外圆柱面

图 4-5-11　等宽配合设置

图 4-5-12　齿轮的前端面与传动
轴推刀槽侧面重合

3. 装配支撑轴

（1）按照前面的步骤新建另一个传动轴作为从动轴装配体。执行"文件"→"新建"→"装配体"命令，新建装配体文件。

（2）执行"装配体"→"插入零部件"命令，单击"浏览"按钮，按住"Ctrl"键同时选择提前准备好的支撑轴文件和圆柱齿轮 2 文件，同时导入。

（3）选择如图 4-5-13 所示的支撑轴圆柱面与圆柱齿轮 2 圆柱面，单击"配合"按钮，添加"同轴心"配合；再选择圆柱齿轮 2 的前端面与支撑轴推刀槽侧面，如图 4-5-14 所示，添加"重合"配合，完成支撑轴的装配。最后，保存文件为"支撑轴装配体"。

图 4-5-13　支撑轴圆柱面与圆柱齿轮 2 圆柱面

图 4-5-14　圆柱齿轮 2 的前端面与支撑轴推刀槽侧面

4. 装配核心零件

（1）关闭子装配体窗口，或者按"Ctrl+Tab"组合键切换回总装配体窗口，单击"插入零部件"按钮，按住"Ctrl"键选择刚保存的"传动轴装配体"和"支撑轴装配体"，导入两个零件。

（2）选择如图 4-5-15 所示的传动轴圆柱面和齿轮泵圆柱面，单击"配合"按钮，添加"同轴心"配合；再选择传动轴齿轮的内端面与齿轮泵前盖的内侧面，如图 4-5-16 所示，添加"重合"配合，完成传动轴的装配。

（3）重复以上步骤，将支撑轴装配到总装配体中，核心零件装配效果如图 4-5-17 所示。

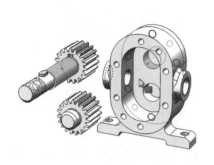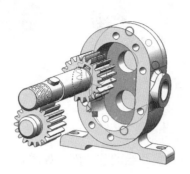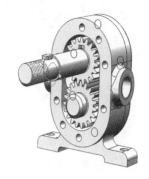

图 4-5-15　传动轴圆柱面和齿　　　　图 4-5-16　传动轴齿轮的内端面　　　图 4-5-17　核心零件装配效果
轮泵圆柱面　　　　　　　　　　　　　与齿轮泵前盖的内侧面

5. 装配外围零件

1）导入外围零件

执行"装配体"→"插入零部件"命令，单击"浏览"按钮，选择提前准备好的齿轮泵后盖文件、垫片文件、螺母 M14 文件、压紧螺母文件和圆锥齿轮文件，在绘图区单击导入零件，如图 4-5-18 所示。

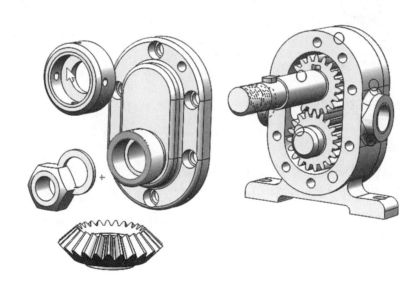

图 4-5-18　导入零件

2）装配齿轮泵后盖

选择如图 4-5-19 所示的齿轮泵后盖的圆柱面和传动轴圆柱面，单击"配合"按钮，添加"同轴心"配合；然后选择齿轮泵后盖的内端面与齿轮泵基座的前端面，如图 4-5-20 所示，添加"重合"配合；再选择齿轮泵后盖的下销钉孔与齿轮泵基座的下销钉孔，添加"同轴心"配合，完成"齿轮泵后盖"的装配，齿轮泵后盖装配效果如图 4-5-21 所示。

图 4-5-19　齿轮泵后盖的圆柱面　　　　图 4-5-20　齿轮泵后盖的内端面　　　图 4-5-21　齿轮泵后盖装配效果
　　　　和传动轴圆柱面　　　　　　　　　　与齿轮泵基座的前端面

3）装配压紧螺母

选择压紧螺母的内端面与齿轮泵后盖凸缘的前端面，如图 4-5-22 所示，添加"重合"配合，在"配合对齐"中选择"反向对齐"，如图 4-5-23 所示；选择如图 4-5-24 所示的压紧螺母的圆柱面和传动轴的圆柱面，单击"配合"按钮，添加"同轴心"配合，完成压紧螺母的装配。

图 4-5-22　压紧螺母的内端面与齿轮泵　　图 4-5-23　选择"反向对齐"　　图 4-5-24　压紧螺母的圆柱面
　　　　后盖凸缘的前端面　　　　　　　　　　　　　　　　　　　　　　　　　和传动轴的圆柱面

4）装配圆锥齿轮

前面的步骤完成后继续单击"配合"按钮，选择如图 4-5-25 所示的圆锥齿轮内孔和传动轴圆柱面，添加"同轴心"配合；接着在"高级配合"中选择"宽度"，分别选择齿轮两内侧面和平键 2 的两侧面作为"宽度选择"和"薄片选择"的对象，添加"等宽"配合；最后，选择圆锥齿轮的后端面与传动轴轴肩面，添加"重合"配合，完成"圆锥齿轮"的装配，圆锥齿轮装配效果如图 4-5-26 所示。

图 4-5-25　圆锥齿轮内孔和传动轴圆柱面　　　　图 4-5-26　圆锥齿轮装配效果

5）装配标准件

（1）用上面的步骤和方法将提前准备好的垫片文件、螺母文件和销文件安装到总装配体中。

（2）导入提前准备好的螺钉 M16×12 文件，按照前述操作为螺钉与齿轮泵后盖添加"同轴心"的配合，再继续选择螺钉端面与齿轮泵后盖上孔端面，如图 4-5-27 所示，添加"重合"配合，并选择"反向对齐"，完成螺钉的装配。

（3）执行"视图"→"隐藏 / 显示"→"临时轴"命令，打开临时轴。单击"装配体"工具栏中的"圆周零部件阵列"按钮，选择所要阵列的中心轴，如图 4-5-28 所示；并且选择螺钉作为要阵列的零部件，勾选"等间距"，设置"实例数"为 4，圆周阵列参数如图 4-5-29 所示；再选择阵列预览里的第三个点作为跳过的实例；单击"确定"按钮，完成螺钉的阵列，关闭临时轴。

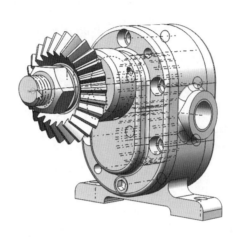

图 4-5-27　螺钉端面与齿轮泵后盖上孔端面　　图 4-5-28　选择所要阵列的中心轴　　图 4-5-29　圆周阵列参数

（4）选择装配体的"上视基准面"作为镜向对称面，如图 4-5-30 所示，然后单击"镜向零部件"命令，选择 3 个"螺钉"和 1 个"销"进行镜向对象，镜向零部件选择如图 4-5-31 所示。再前后镜向，选择装配体的"前视基准面"作为镜向对称面，如图 4-5-32 所示，然后单击"线性零部件→镜向零部件"按钮，选择 6 个"螺钉"和 2 个"销"作为镜向对象，完成镜向，最后得到如图 4-5-33 所示齿轮泵装配模型。

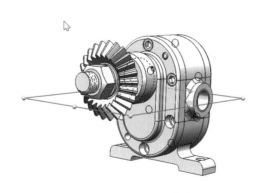

图 4-5-30　选择装配体的"上视基准面"作为镜向对称面　　　　图 4-5-31　镜向零部件选择

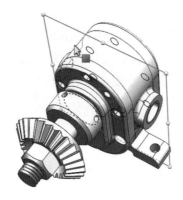

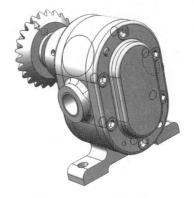

图 4-5-32　选择装配体的"前视基准面"作为镜向对称面　　　　图 4-5-33　齿轮泵装配模型

6. 装配干涉检查

如果"装配体"中具有几十个或上百个零部件，将很难确定每个零部件是否都安装正确，或无法确认零部件间是否有交替冲突的地方，此时可以使用"干涉检查"操作来确认装配或零件设计的准确性。

执行"装配体"→"干涉检查"命令，弹出的"干涉检查"属性管理器如图 4-5-34（a）所示，单击"计算"按钮，将查找出当前装配体的干涉区域，并在"结果"卷展栏中进行列表显示，同时在绘图区中对"干涉"部分进行标识，如图 4-5-34（b）所示。

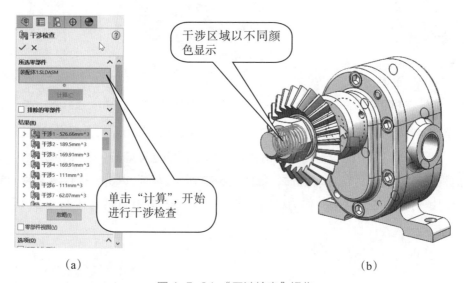

（a）　　　　　　　　　　　　　　　　　（b）

图 4-5-34　"干涉检查"操作

（a）"干涉检查"属性管理器；（b）对"干涉"部分进行标识

7. 孔对齐检测方法

可通过"孔对齐"操作检测装配体中的"孔"是否全部对齐（只能检测异型孔向导、简单直孔和圆柱切除所生成孔的对齐状况，而不会识别派生、镜向和输入的实体中的孔）。

执行"装配体"→"孔对齐"命令，弹出"孔对齐"属性管理器，单击"计算"按钮，将查找出当前装配体中未对齐的孔，并以列表的形式显示在"结果"卷展栏中，选中"结果"卷展栏中的误差列表项，将在两个或多个零件体上同时标识对齐的孔。

8. 生产爆炸视图

爆炸视图可以使模型中的零部件按装配关系偏离原位置一定的距离，以便用户查看零件的内部结构。若按照拆卸的步骤来设定爆炸视图步骤的话，后续可生成设备的拆卸步骤视频；反之，则生成设备的安装步骤视频，以提供给设备应用厂家使用。

在完成齿轮泵的装配后，即可进行爆炸图的创建，单击"装配体"工具栏中的"爆炸视图"按钮 调出"爆炸"属性管理器，如图 4-5-35（a）所示，然后选择零部件并进行适当拖动，如图 4-5-35（b）所示即可创建爆炸视图。如选择螺母，并将其拖动到合适的地方后松开鼠标左键，然后执行"特征"→"爆炸视图 1"→"完成"，就将零件爆炸开了。用同样的方法将垫片爆炸开来，垫片爆炸效果如图 4-5-36 所示。

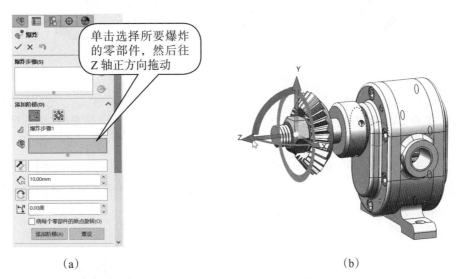

（a）　　　　　　　　　　　　　　　　　　　（b）

图 4-5-35　螺母的爆炸视图

（a）"爆炸"属性管理器；（b）选择零部件并进行适当拖动

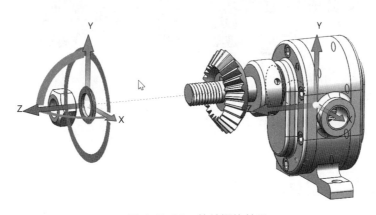

图 4-5-36　垫片爆炸效果

在爆炸子装配体时，如果一次只爆炸子装配体的单个零件，勾选"选择子装配体零件"即可，如图 4-5-37（a）所示，再选择需要爆炸的零件，如图 4-5-37（b）所示；如果要整个零件一起爆炸，则不选择此选项。

将传动轴上的零件以及齿轮泵前盖的销钉和螺钉爆炸开来，如图 4-5-38 所示。接着对齿轮泵后盖上的销钉和螺钉进行爆炸视图的操作，再对传动轴、支撑轴和齿轮泵后盖进行爆炸视图的操作。然后，对圆柱齿轮 1 和圆柱齿轮 2 进行爆炸操作，最后将平键 1 从传动轴上爆炸开来。此时，完成了整个齿轮泵的爆炸视图路径设定。

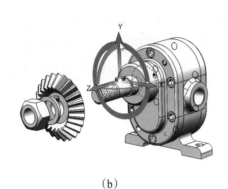

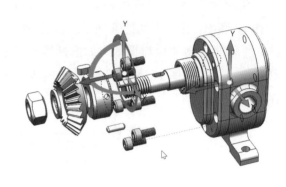

（a） （b）

图 4-5-37　爆炸圆锥齿轮
（a）勾选"选择子装配体零件"；
（b）选择需要爆炸的零件

图 4-5-38　传动轴上的零件以及齿轮泵
前盖的销钉和螺钉爆炸

　　"爆炸视图"菜单下还具有两个卷展栏，其中"插入 / 编辑智能爆炸直线"命令可用于快速智能爆炸，不需要手动拖动零件，系统将自动根据装配关系，按照平移的方式将各个零部件按固定间距在一个方向上顺序排列，自动爆炸拆开，一键完成爆炸视图的设定，快速智能爆炸效果如图 4-5-39 所示。

齿轮泵装配演示视频

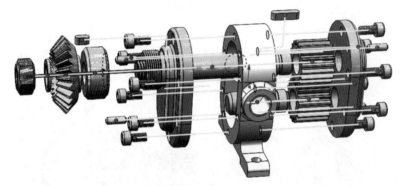

图 4-5-39　快速智能爆炸效果

任务 4.6　齿轮泵装配体工程图

任务描述

　　以任务 4.5 装配完成的齿轮泵装配体为对象，绘制如图 4-6-1 所示的齿轮泵装配体工程图。工程图中要包含三个主要视图、合适和足够的配合尺寸、带标题栏的材料明细表以及装配技术要求等。

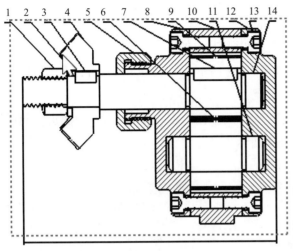
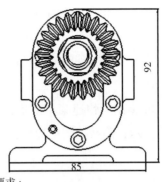

技术要求：

1. 各密封件装配前必须浸透油。

2. 齿轮装配后，齿面的接触斑点和侧隙应符合 GB 10095 和 GB 11365 的规定。

3. 零件在装配前必须清理和清洗干净，不得有毛刺、飞边、氧化皮、锈蚀、切屑、油污、着色剂和灰尘等。

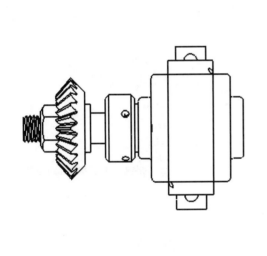

序号	零件代号	零件名称	材料	数量	重量	说明
15		销		4		
14		螺钉 M 6X12		12		
13		圆锥齿轮		1		
12		压紧螺母		1		
11		螺母 M 14	45	1		
10		垫片		1		
9		齿轮泵后盖		1		
8		支撑轴		1		
7		圆柱齿轮 2		1		
6		圆柱齿轮 1		1		
5		平键 2		1		
4		平键 1		1		
3		传动轴		1		
2		齿轮泵前盖		1		
1		齿轮泵基座		1		

标记	处数	分区	更改文件号	签名	年月日	阶段标记	重量	比例	"图样名称"
设计			标准化				287	2.1	
校核			工艺						
			审核						"图样代号"
主管设计			批准			共 1 张 第 1 张 版本		替代	

图 4-6-1　齿轮泵装配体工程图

子任务 4.6.1　制图思路分析

根据齿轮泵模型，可以分析该装配图除了基本视图外，需要补充剖视图才能表达清楚，由此可得装配图的制图思路：①先创建齿轮泵的标准视图；②在主视图的位置创建全剖视图；③插入零件序号和材料明细表等信息。

子任务 4.6.2　制图操作步骤

1. 创建标准视图

（1）执行"文件"→"新建"命令调出"新建 SolidWorks 文件"对话框，单击"高级"按钮，选择"gb_a2"模板作为工程图模板，单击"确定"按钮，进入工程图绘制。

（2）系统弹出"模型视图"属性管理器，单击"浏览"按钮，选择任务 4.5 装配好的齿轮泵装配体文件，插入并放置在图纸左上角；接着在右下角将齿轮泵装配体的"下视"拉到工程图区域中，向下拖动得到"下视图"，如图 4-6-2（a）所示，再向右拖动得到"左视图"，如图 4-6-2（b）所示。然后单击主视图，选择原图的"左视"作为工程图的主视图，如图 4-6-2（c）所示。完成后，可得符合看图习惯的标准视图，如图 4-6-3 所示。

（3）右击下视图，在弹出的快捷菜单中执行"切边"→"切边不可见"命令，对左视图进行同样操作，对切边进行不可见显示，隐藏视图切边操作如图 4-6-4 所示。

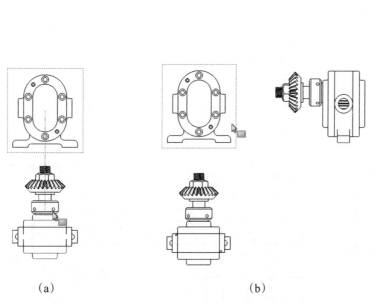

（a）　　　　　　　　　　　　　（b）　　　　　　　　　　　　　（c）

图 4-6-2　创建标准视图

（a）向下拖动得到"下视图"；（b）向右拖动得到"左视图"；（c）选择原图的"左视"作为工程图的左视图

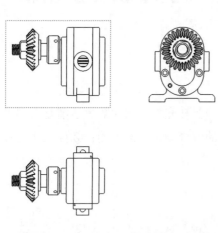

图 4-6-3　符合看图习惯的标准视图

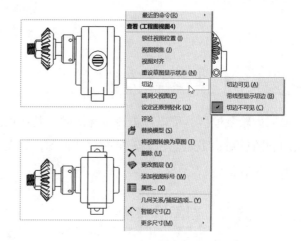

图 4-6-4　隐藏视图切边操作

2. 创建全剖视图

1）删除主视图

由于主视图的结构比较复杂，必须做全剖视图才能表达里面的配合结构，所以要把主视图改为全剖视图。选择主视图，按"Delete"键，把主视图删掉，在弹出的"确认删除"对话框中选择"是"，删除主视图。

2）生成主视图的全剖视图

单击"工程图"工具栏中的"剖面视图"按钮，在"剖面视图辅助"属性管理器下的"剖面视图"中，选择"水平"的"切割线"，如图 4-6-5 所示。在俯视图的传动轴中心选择任意竖线中点为切割线经过的点，如图 4-6-6 所示，生成切割线。然后在弹出的"剖面视图"属性管理器中选择"自动加剖面线"，最后放置在主视图位置，形成全剖视图。此时，主视图没有与左视图平齐，右击左视图，在弹出的快捷菜单中选择"视图对齐"里的"原点水平对齐"，再选择主视图作为要对齐的对象图，完成后左视图与主视图的对齐效果如图 4-6-7 所示。

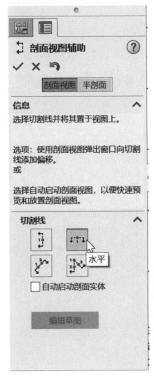

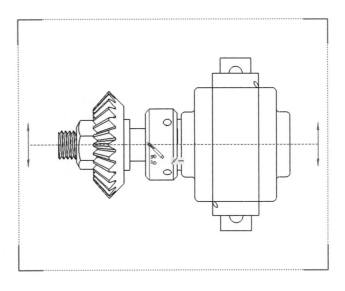

图 4-6-5　选择"水平"的"切割线"　　　　图 4-6-6　选择任意竖线中点为切割线经过的点

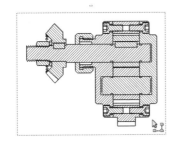

图 4-6-7　左视图与主视图的对齐效果

3）轴对称图形取消剖面线

选择主视图里如图 4-6-8 所示的传动轴零件剖面，在"区域剖面线 / 填充"属性管理器中先取消选择"材质剖面线"，再选择剖面属性为"无"，将剖切面穿过轴对称图形轴线的所有零件的剖面线全部取消，取消剖面线完成的剖面视图如图 4-6-9 所示。对于单条多余曲线，可在单击后弹出的快捷菜单中单击"隐

藏 / 显示边线"按钮进行隐藏。

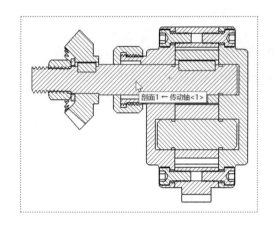

图 4-6-8　传动轴零件剖面

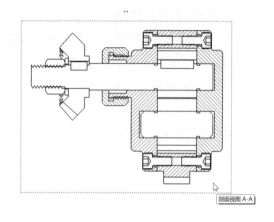

图 4-6-9　取消剖面线完成的剖面视图

最后，按照绘图标准补齐投影视图因取消剖面线后缺失的轮廓线，完成主视图全剖视图，如图 4-6-10 所示。

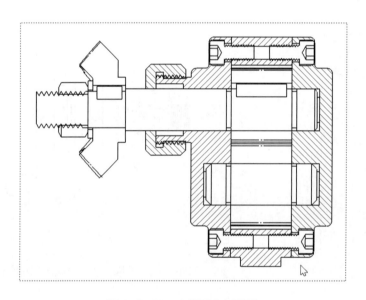

图 4-6-10　主视图全剖视图

3. 完善工程图

1）插入零件序号

（1）执行"插入"→"注解"→"自动零件序号"命令，选择主视图为需要标注零件序号的视图。在弹出的"自动零件序号"属性管理器中，设置"零件序号布局"阵列类型为"布置零件序号在上"。

（2）执行"工具"→"选项"命令进入设置。执行"文档属性"→"注解"→"文本"→"字体"命令，设置"高度"为 6.5mm，单击"确定"按钮，自动序号的字体将变大。

2）插入材料明细表

（1）执行"插入"→"表格"→"材料明细表"命令，选择主视图为材料明细表的指定模型。在"材料明细表"属性管理器"表格模板"中选择"为材料明细表打开表格模板"，选择 bom-all.sldbomtbt 模板，勾选"附加到定位点"，"材料明细表类型"选择"仅限零件"，并在"零件配置分组"中选择"将同一零件的所有配置显示为一个项目"，单击"确定"按钮，插入材料明细表，如图 4-6-11 所示。

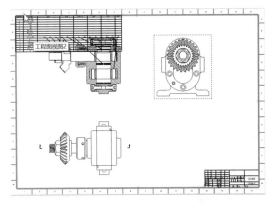

图 4-6-11　插入材料明细表

（2）依次展开"图纸 1"→"图纸格式 1"，右击"材料明细表定位点 1"，选择"设定定位点"，如图 4-6-12 所示。选择工程图的标题栏右上角点作为材料明细表的定位点，如图 4-6-13 所示，将材料明细表定位到标题栏上面。

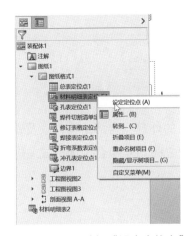

图 4-6-12　选择"设定定位点"

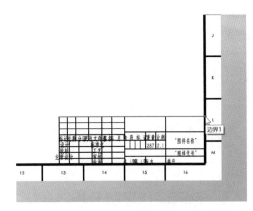

图 4-6-13　材料明细表的定位点

（3）选择如图 4-6-14 所示材料明细表表头，在"材料明细表"属性管理器中的"恒定边角"里选择"右下"。同时，在明细表上方弹出的工具栏中单击"表格标题在上"，让标题在表的下方倒序排列。对该表按 Excel 格式操作方法进行删除和插入列，并设置如图 4-6-15 所示的列类型和属性名称。

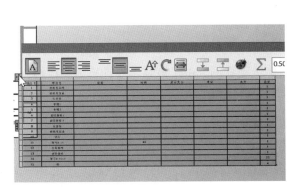

图 4-6-14　材料明细表表头

图 4-6-15　设置列类型和属性名称

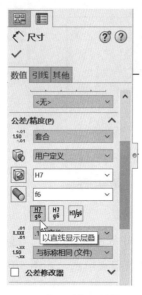

齿轮泵装配体工程图绘制
演示视频

图 4-6-16　"尺寸"属性管理器设置

3）修改自动序号

单击已经标注的零件序号，在"项目号"中选择"不更改项目号"来取消激活此项，然后再选择"按序排列"，系统自动按照材料明细表的项目排序来更新零件序号。

4）标注配合公差代号

需要对装配体有安装配合的地方标注尺寸及公差代号。先对传动轴及齿轮泵前盖孔之间配合标注尺寸，在"尺寸"属性管理器"公差/精度"中选择"套合"，然后选择"孔公差代号"为 H7，"轴公差代号"为 f6，"尺寸"属性管理器设置如图 4-6-16 所示。

任务 4.7　齿轮泵装配动画

任务描述

本任务模拟齿轮泵装配过程制作装配动画，用以展示齿轮泵的外观、内部结构，以及安装、拆卸和运转的状态。齿轮泵配合中主动轮由马达带动旋转，通过两齿轮之间相互啮合传动形成左进右出的齿轮液压泵。

子任务 4.7.1　动画制作思路分析

要制作齿轮泵配动画，需要添加两个模拟量，一个是使凸轮轴发生转动的模拟旋转马达，另一个是弹簧力。装配动画制作的具体思路：①添加新运动算例，并且把分析类型从"动画"改成"基本运动"；②添加弹簧力，设定弹簧的长度；③添加马达，并设定选择方向；④计算并播放动画，通过"动画向导"来调整播放速度；⑤利用动画向导制作爆炸和解除爆炸动画；⑥保存并输出动画。

子任务 4.7.2　动画制作操作步骤

1. 新建运动算例

右击工具栏空白处，添加"Motion Manager"工具栏，单击"Motion Manager"工具栏的"运动算例 1"进入动画制作，或右击"运动算例 1"来新建运动算例。由于该算例要计算力和接触，要将分析的类型从"动画"改为"基本运动"。

2. 外观展示

切换到"运动算例 1"标签，单击工具栏上的"动画向导"按钮 📷，进入简单动画的制作。在弹出的"选择动画类型"对话框中选择"旋转模型"，按照提示单击"下一页"；设置"选择 – 旋转轴"为"Y- 轴"，让零件绕着 Y 轴旋转，"旋转次数"自己定义，一般为 1，选择"顺时针"，单击"下一页"；

设置"时间长度（秒）"为 3，"开始时间（秒）"为 0，其他情况请自行设定，可以获得不同效果。单击"完成"后，时间轴上生成"视向及相机视图"的几个关键帧，如图 4-7-1 所示。单击"从头播放"按钮▶，查看旋转的情况及效果。

3. 添加齿轮配合

（1）单击状态栏上的"模型"标签，切换到装配体建模状态，右击零部件"齿轮泵后盖"，在弹出的快捷菜单中将其隐藏。单击"装配体"工具栏的"配合"按钮，在"配合"属性管理器"机械配合"中选择"齿轮"，添加齿轮配合关系，如图 4-7-2 所示，分别选择轴和齿轮之间的交线作为"要配合的实体"，如图 4-7-3 所示，设置"确认比率"为 16mm ∶ 16mm，最后单击"确定"按钮，完成齿轮配合关系的设置。

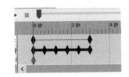

图 4-7-1　时间轴上生成"视向及相机视图"的几个关键帧

图 4-7-2　添加齿轮配合关系

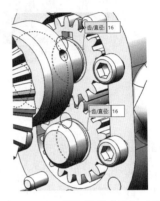

图 4-7-3　轴和齿轮之间的交线

（2）右击设计树中的"齿轮泵后盖"，在弹出的快捷菜单中选择"显示零部件"将齿轮泵后盖显示出来。

4. 添加爆炸

（1）单击状态栏上的"运动算例 1"标签，回到动画制作状态。单击"动画向导"按钮选择"爆炸"，单击"下一页"，设置"时间长度（秒）"设为 5，"开始时间（秒）"为 3，单击"完成"，形成齿轮泵的拆卸过程动画，爆炸生成关键帧如图 4-7-4 所示。

（2）单击工具栏上的"动画向导"按钮，选择"解除爆炸"，单击"下一页"，设置"时间长度（秒）"设为 5，"开始时间（秒）"为 8，单击"完成"，形成齿轮泵的安装过程动画。

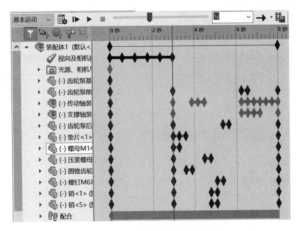

图 4-7-4　爆炸生成关键帧

5. 添加旋转马达

单击工具栏上的"旋转马达"按钮 ，添加旋转马达作为齿轮转动的效果。选择主轴表面作为马达位置，如图 4-7-5 所示在"马达"属性管理器"运动"中选择"等速"，设置"速度"为 10RPM，"马达"属性管理器设置如图 4-7-6 所示。红色旋转箭头代表旋转方向，如果与实际方向相反，可以单击"反向"按钮改向。

图 4-7-5　马达位置

图 4-7-6　"马达"属性管理器

6. 齿轮泵工作原理展示

（1）在展示完齿轮泵的外观、拆卸和安装过程后，接着展示齿轮泵的工作状态。为了能看到齿轮的运转情况，首先要把"齿轮泵后盖"的状态修改成透明或隐藏。拖动"总时间关键帧"至 18 秒处，将总时间加长，再拖动"当前时间轴"至 13 秒处。此时，右击设计树中的"齿轮泵后盖"，在弹出的快捷菜单中选择"隐藏零部件"。

（2）调整马达的启动和停止时间。现在播放动画时，会发现马达和齿轮泵后盖的隐藏动作会从 0 秒就开始，这与要展示的要求不符，我们需要修改它们状态的启动和停止时间。拖动"旋转马达 1" 0 秒处的关键帧至 13 秒处，让齿轮泵后盖的隐藏动作从第 13 秒开始，如图 4-7-7 所示。再按"Ctrl"键复制该旋转马达关键帧到 16 秒处，右击新建的关键帧，在弹出的快捷菜单中选择"关闭"，关闭马达旋转，如图 4-7-8 所示。

图 4-7-7　齿轮泵后盖的隐藏动作从第 13 秒开始

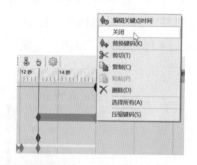
图 4-7-8　关闭马达旋转

（3）调整齿轮泵后盖零件隐藏的启动和停止时间。拖动"齿轮泵后盖"第 13 秒处的关键帧至 16 秒处结束，如图 4-7-9 所示。再拖动"齿轮泵后盖"第 0 秒处的关键帧至 13 秒处开始，如图 4-7-10 所示，完成隐藏状态启动和停止时间的调整。

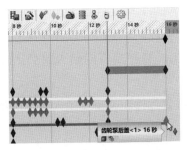

图 4-7-9　拖动"齿轮泵后盖"第 13 秒处的
关键帧至 16 秒处结束

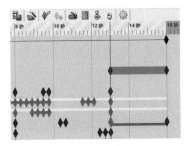

图 4-7-10　拖动"齿轮泵后盖"第 0 秒处的
关键帧至 13 秒处开始

7. 计算并保存动画

所有的运动动画添加完成之后，单击工具栏上的"计算"按钮 🔲，进行物理运动的计算。计算完毕，单击"播放"按钮 ▶ 观看动画效果，动画关键帧全貌如图 4-7-11 所示。

添加完所有关键帧以后，需要将当前的动画以 AVI 格式保存下来。单击工具栏上的"保存动画"按钮 🔲，系统将弹出"保存动画到文件"对话框，默认录制整个动画。

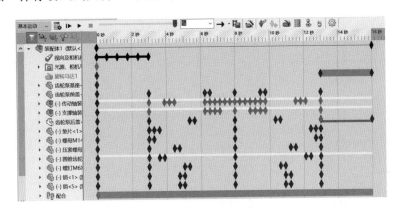

齿轮泵装配动画制作
演示视频

图 4-7-11　动画关键帧全貌

技术总结

（1）右击键码，选择"插值模式"，可以选择以下几种模式：①线性，默认设置为匀速运动；②捕捉，零部件突然从初始位置变到终了位置；③渐入，零部件一开始匀速移动，但随后会朝终了位置加速运动；④渐出，零部件一开始加速运动，但当快接近最终位置时减速运动；⑤渐入 / 渐出，在上半路程加速移动，下半路程减速移动。

（2）键码代表每个零部件的状态，每个零部件都有对应的键码。

（3）在移动零部件时选择"沿装配体 xyz"，则移动时只沿一个方向移动。

（4）选择"视向及相机视图"可以设定动画视角。

拓展阅读

悬空寺的"榫卯之道"

在山西，有座矗立千余年仍旧稳如泰山的悬空寺，它位于山西省大同市浑源县恒山金龙峡西侧翠屏峰的峭壁间，原名"玄空阁"，"玄"取自中国道教教理，"空"则来源于佛教的教理，后改名为"悬空寺"，是因为整座寺院就像悬挂在悬崖上，在汉语中，"悬"与"玄"同音，因此得名。

悬空寺能够屹立不倒的秘诀在于它独特的榫卯结构，这种严丝合缝、丝丝入扣的配合，充分体现了中国古老的文化和智慧，体现了中国古老的工匠精神。2019 年 4 月，悬空寺完成高精度实景三维模型的建立工作，使其成为正能传承万年的数字资产，而其蕴含的工匠精神也将同融入数字化模型中，传承万年。

我们应当带着对古人的敬意，学会利用 SolidWorks 2020 将零部件配合得丝丝入扣，认真完成装配过程，在学习过程中形成严谨的职业精神。

项目5

异形件建模

项目概述

本项目针对电话机外壳、风扇叶、锤头和圆柱凸轮进行建模设计，这些异形件在建模时所涉及的特征编辑工具通常不为常见零件所用，本项目恰好填补这些空缺。

目标导航

知识目标

① 了解壳类零件壁厚尺寸与实体的关系。

② 理解放样凸台各草图之间的位置关系及次序。

能力目标

① 掌握并熟练运用放样件的建模方法。

② 掌握并熟练运用草图图块的制作和样条曲线的使用方法。

③ 掌握并熟练运用放样特征、抽壳成形和线性阵列的操作方法。

④ 掌握并熟练运用方程式的使用、弯曲的操作方法。

素养目标

培养刻苦钻研、实事求是的精神。

任务 5.1 　电话机壳建模

任务描述

利用 SolidWorks 2020 建立电话机外壳模型，电话机外壳模型工程图如图 5-1-1 所示。该零件为等厚度薄壁件，多为塑料模具注塑成型，具有厚度处处相等的特征，所以，抽壳应该在所有外形完成建模后才进行。

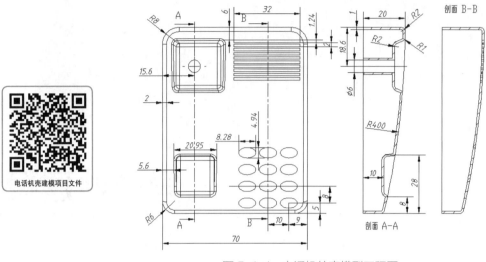

图 5-1-1　电话机外壳模型工程图

子任务 5.1.1　建模思路分析

电话机外壳属于薄壳类零件，这是一种十分典型的零件类型，常见于塑胶产品外壳。此类零件建模主要通过抽壳来实现。电话机外壳建模主要包括 3 步：①利用拉伸创建基体；②利用抽壳创建薄壳零件；③创建其他细节特征。

子任务 5.1.2　建模操作步骤

1. 创建基体

1）创建方形凸台

（1）单击"前视基准面"，在弹出的关联菜单中单击"草图绘制"按钮，进入草图绘制，绘制如图 5-1-2 所示的方形基座，绘制完成后单击"退出草图"按钮，退出草图绘制。

（2）单击"拉伸凸台/基体"按钮，在"凸台－拉伸 1"属性管理器"方向 1"中设置"深度"为 70mm，其他选项默认，单击"确定"按钮，生成实体基座，即得方形凸台实体模型，如图 5-1-3 所示。

图 5-1-2　方形基座草图

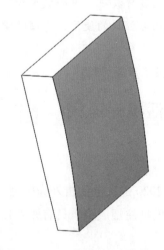

图 5-1-3　方形凸台实体模型

（3）单击"圆角"按钮，在弹出的"圆角"属性管理器中选择所要进行圆角的边线，并在"圆角参数"中设置"半径"为2mm，由于需要圆角的边线是顶面的边线，因此单击顶面即可选中顶面的所有边线，如图5-1-4（a）所示，单击"确定"按钮，生成实体基座，即得圆角后的方形凸台1，如图5-1-4（b）所示。

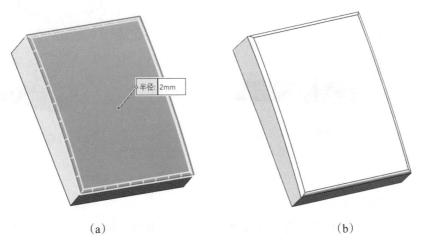

（a）　　　　　　　　　　　（b）

图 5-1-4　圆角方形凸台过程1

（a）选中顶面的所有边线；（b）圆角后的方形凸台1

（4）单击"圆角"按钮，在弹出的"圆角"属性管理器中选择所要进行圆角的边线，并在"圆角参数"中设置"半径"为8mm，所要圆角的边线如图5-1-5（a）所示，单击"确定"按钮，生成实体基座，即得圆角后的方形凸台2，如图5-1-5（b）所示。

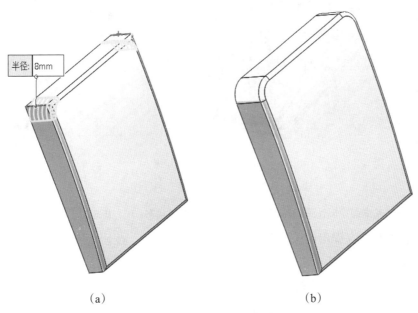

（a）　　　　　　　　　　　（b）

图 5-1-5　圆角方形凸台过程2

（a）所要圆角的边线；（b）圆角后的方形凸台2

（5）再次单击"圆角"按钮，在"圆角"属性管理器中选择所要进行圆角的边线，并在"圆角参数"中设置"半径"为6mm，需要圆角的边线如图5-1-6（a）所示，单击"确定"按钮，生成实体基座，即得圆角后的方形凸台3，如图5-1-6（b）所示。

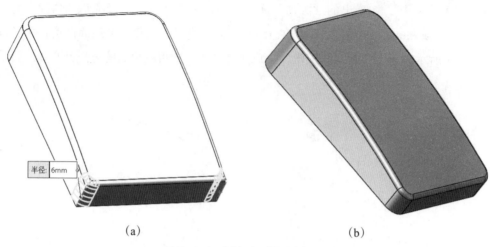

(a)	(b)

图 5-1-6　圆角方形凸台过程 3

(a) 需要圆角的边线；(b) 圆角后的方形凸台 3

2）左上切除方形凸台

（1）插入新的基准面，该基准面需要与实体底面平行，并与之相距 20mm。单击此前创建好的方形凸台的下底面，执行"插入"→"参考几何体"→"基准面"命令，在弹出的"基准面"属性管理器中设置"偏移距离"为 20mm，其他选项默认。单击"确定"按钮，生成"基准面 1"，插入基准面 1 的过程如图 5-1-7 所示。

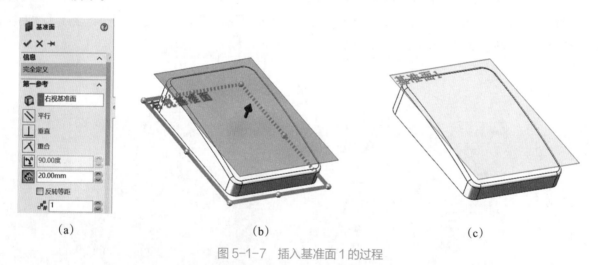

(a)	(b)	(c)

图 5-1-7　插入基准面 1 的过程

(a)"基准面"属性管理器设置；(b) 基准面编辑状态；(c) 基准面 1 插入状态

（2）单击"基准面 1"，在弹出的关联菜单中单击"草图绘制"按钮，进入草图绘制。绘制如图 5-1-8 所示的方形凸台草图，绘制完成后单击"退出草图"按钮，退出草图绘制。

（3）单击"拉伸凸台 / 基体"按钮，在"切除 – 拉伸"属性管理器中设置"深度"为 5mm，并且设置"拔模角度"为 22°，其他选项默认，单击"确定"按钮，生成实体基座，即得实体模型，左上切除方形凸台后的模型如图 5-1-9 所示。

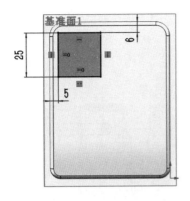

图 5-1-8　方形凸台草图　　　　　　图 5-1-9　左上切除方形凸台后的模型

（4）单击"圆角"按钮，在弹出的"圆角"属性管理器中选择所要进行圆角的边线，并在"圆角参数"中设置"半径"为 2mm，要圆角的边线如图 5-1-10（a）所示，单击"确定"按钮，生成实体基座，即得圆角后的方形凸台 4，如图 5-1-10（b）所示。

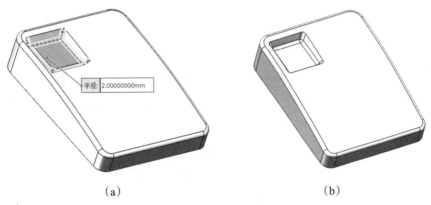

（a）　　　　　　　　　　　　　　　（b）

图 5-1-10　圆角方形凸台过程 4

（a）要圆角的边线；（b）圆角后的方形凸台 4

（5）单击"圆角"按钮，在"圆角"属性管理器中选择所要进行圆角的边线，并在"圆角参数"中设置"半径"为 1mm，要圆角的边线如图 5-1-11（a）所示，单击"确定"按钮，生成实体基座，即得圆角后的方形凸台 5，如图 5-1-11（b）所示。

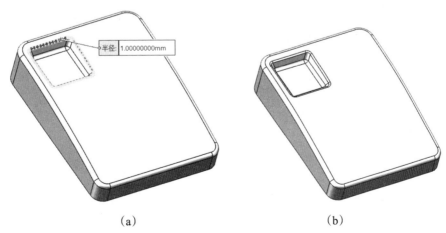

（a）　　　　　　　　　　　　　　　（b）

图 5-1-11　圆角方形凸台过程 5

（a）要圆角的边线；（b）圆角后的方形凸台 5

（6）单击左上方形凸台上表面，在弹出的关联菜单中单击"草图绘制"按钮，进入草图绘制，即以其为绘制草图的基准面，如图 5-1-12（a）所示。绘制如图 5-1-12（b）所示的圆柱凸台草图，绘制完成后单击"退出草图"按钮，退出草图绘制。

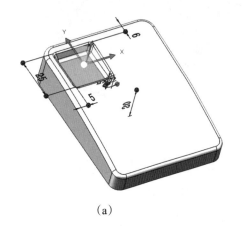

（a）

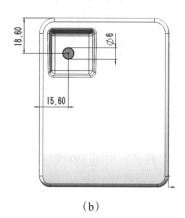

（b）

图 5-1-12　绘制圆柱凸台草图

（a）绘制草图的基准面；（b）圆柱凸台草图

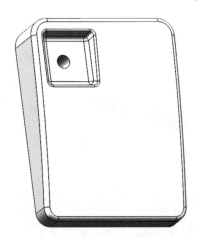

图 5-1-13　切除圆柱凸台后的模型

（7）单击"拉伸切除"按钮，在"切除–拉伸"属性管理器"方向 1"中选择"完全贯穿"，其他选项默认，单击"确定"按钮，生成实体基座，即得实体模型，切除圆柱凸台后的模型如图 5-1-13 所示。

3）左下切除方形凸台

（1）单击"基准面 1"，以基准面 1 作为绘制草图的基准面，如图 5-1-14（a）所示，在弹出的关联菜单中选择"草图绘制"按钮，进入草图绘制。绘制如图 5-1-14（b）所示左下方形凸台草图，绘制完成后单击"退出草图"按钮，退出草图绘制。

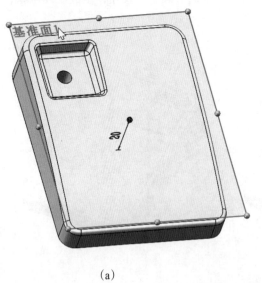

（a）

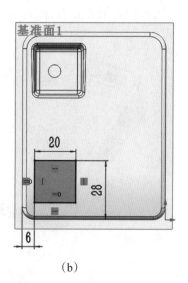

（b）

图 5-1-14　绘制左下方形凸台草图

（a）以基准面 1 作为绘制草图的基准面；（b）左下方形凸台草图

（2）单击"拉伸切除"按钮，在"切除－拉伸"属性管理器"方向 1"中设置"深度"为 5mm，设置"拔模角度"为 5°，其他选项默认，单击"确定"按钮，生成实体基座，即得左下切除方形凸台后的实体模型，如图 5-1-15 所示。

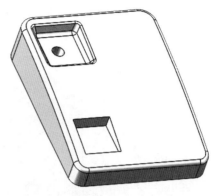

图 5-1-15　左下切除方形凸台后的实体模型

（3）单击"圆角"按钮，在"圆角"属性管理器中选择所要进行圆角的边线，并在"圆角参数"中设置"半径"为 2mm，要圆角的边线如图 5-1-16（a）所示，单击"确定"按钮，生成实体基座，即得圆角后的方形凸台 6，如图 5-1-16（b）所示。

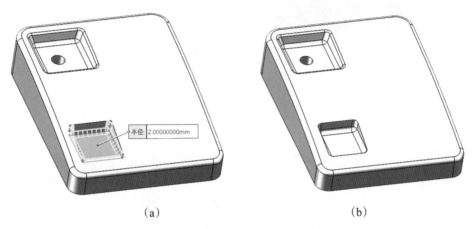

(a)　　　　　　　　　　　　　　　　　　(b)

图 5-1-16　圆角方形凸台过程 6

（a）要圆角的边线；（b）圆角后的方形凸台 6

（4）单击"圆角"按钮，在"圆角"属性管理器中选择所要进行圆角的边线，并在"圆角参数"中设置"半径"为 1mm，要圆角的边线如图 5-1-17（a）所示，单击"确定"按钮，生成实体基座，即得圆角后的方形凸台 7，如图 5-1-17（b）所示。

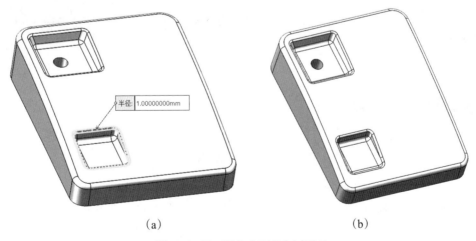

(a)　　　　　　　　　　　　　　　　　　(b)

图 5-1-17　圆角方形凸台过程 7

（a）要圆角的边线；（b）圆角后的方形凸台 7

2. 抽壳

单击"抽壳"按钮 ，在弹出的"抽壳 1"属性管理器"参数"中设置"深度"为 1mm，选择所要抽壳的面,如图 5-1-18(a)所示,单击"确定"按钮,即得抽壳模型,如图 5-1-18(b)所示。

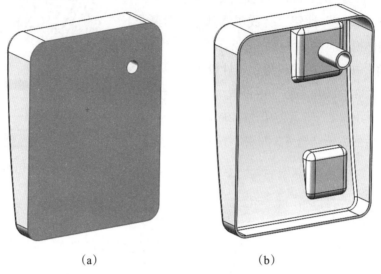

(a)   (b)

图 5-1-18   抽壳过程

(a)所要抽壳面;(b)抽壳模型

3.完善细节

(1)单击"基准面 1",如图 5-1-19(a)所示,在弹出的关联菜单中单击"草图绘制"按钮,进入草图绘制。绘制如图 5-1-19(b)所示的矩形草图,绘制完成后单击"退出草图"按钮,退出草图绘制。

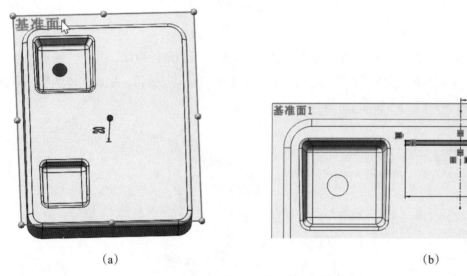

(a)   (b)

图 5-1-19   绘制矩形草图

(a)单击"基准面 1";(b)矩形草图

(2)单击"拉伸切除"按钮,在"切除-拉伸"属性管理器"方向 1"中选择"完全贯穿",其他选项默认,单击"确定"按钮,生成实体基座,即得切除矩形孔后的实体模型,如图 5-1-20 所示。

(3)单击"线性阵列"按钮,在"线性阵列"属性管理器中选择所要阵列的方向和特征,如图 5-1-21(a)所示,其他选项默认,单击"确定"按钮,生成实体基座,即得矩形孔线性阵列效果,如图 5-1-21(b)所示。

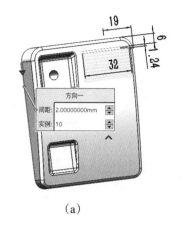

(a)　　　　　　　　　　　　　　　(b)

图 5-1-20　切除矩形孔后的实体模型　　　　　　图 5-1-21　线性阵列矩形孔

(a) 选择所要阵列的方向和特征；(b) 矩形孔线性阵列效果

（4）选择"基准面 1"，如图 5-1-22（a）所示，在弹出的关联菜单中单击"草图绘制"按钮，进入草图绘制。绘制如图 5-1-22（b）所示的椭圆草图，绘制完成后单击"退出草图"按钮，退出草图绘制。

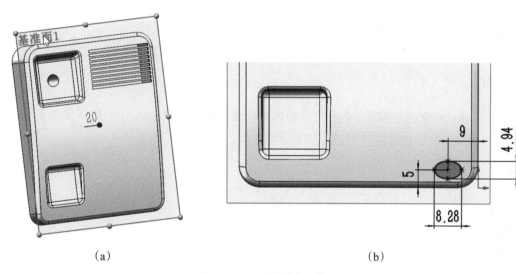

(a)　　　　　　　　　　　　　　　　　(b)

图 5-1-22　绘制椭圆草图

(a) 选择"基准面 1"；(b) 椭圆草图

（5）单击"拉伸切除"按钮，在"切除 – 拉伸"属性管理器"方向 1"中选择"完全贯穿"，其他选项默认，单击"确定"按钮，生成实体基座，即得切除椭圆孔后的实体模型，如图 5-1-23 所示。

（6）单击"线性阵列"按钮，在"线性阵列"属性管理器中选择所要阵列的方向和特征，如图 5-1-24（a）所示，其他选项默认，单击"确定"按钮，生成实体基座，即得椭圆孔线性阵列效果，如图 5-1-24（b）所示。至此，电话机壳建模完毕。

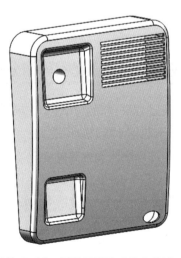

图 5-1-23　切除椭圆孔后的实体模型

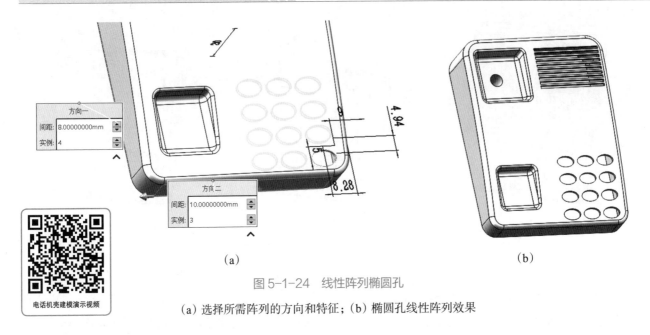

（a）　　　　　　　　　　　　　　　（b）

图 5-1-24　线性阵列椭圆孔

（a）选择所需阵列的方向和特征；（b）椭圆孔线性阵列效果

电话机壳建模演示视频

任务 5.2　风扇叶建模

任务描述

利用 SolidWorks 2020 建立如图 5-2-1 所示的风扇叶模型。该零件的叶片为放样成型的风扇直叶片，多为小型直流电风扇叶片，建模过程中需要注意放样控制点的位置。

风扇叶建模项目文件

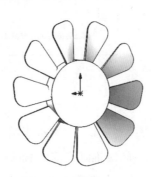

图 5-2-1　风扇叶模型

子任务 5.2.1　建模思路分析

通过观察模型形状可知，扇叶是空间曲面，属于变截面的形体，因此该零件建模的主要难处在于扇叶部分风扇叶模型建模思路：①利用拉伸的方法创建圆柱基体；②利用放样成型生成一片叶片基体；③利用反侧切除和圆周阵列完善模型。

子任务 5.2.2　建模操作步骤

1. 创建圆柱基体

（1）单击"前视基准面"，在弹出的关联菜单中单击"草图绘制"按钮，进入草图绘制。绘制如图

5-2-2 所示的圆形草图，绘制完成后单击"退出草图"按钮，退出草图绘制。

（2）单击"拉伸凸台 / 基体"按钮，在"凸台 – 拉伸"属性管理器"方向 1"中设置"深度"为 10mm，其他选项默认。单击"确定"按钮，生成实体基座，即得圆柱基体，如图 5-2-3 所示。

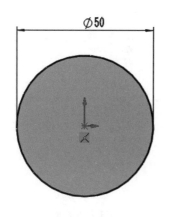

图 5-2-2 圆形草图

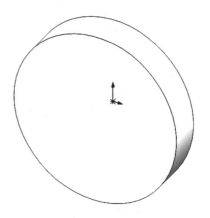

图 5-2-3 圆柱基体

2. 创建单个叶片

（1）单击圆柱正面，如图 5-2-4（a）所示，以该面作为绘制草图的基准面，在弹出的关联菜单中单击"草图绘制"按钮，进入草图绘制。绘制如图 5-2-4（b）所示的矩形和中心线草图。然后执行"工具"→"块"→"制作"命令，将所画矩形和中心线草图全部选入"块实体"中，如图 5-2-5（a）所示；在"插入点"下勾选"布局草图块"，单击块的坐标原点拖动至与草图原点重合，插入点效果如图 5-2-5（b）所示，单击"确定"按钮，完成"块"的制作。完成后单击"退出草图"按钮，退出草图绘制。

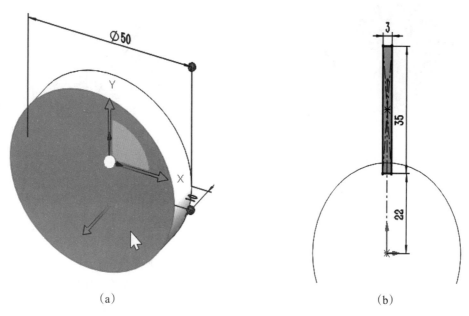

（a）　　　　　　　　　　　　　（b）

图 5-2-4 绘制矩形和中心线的过程

（a）单击圆柱正面；（b）绘制矩形和中心线草图

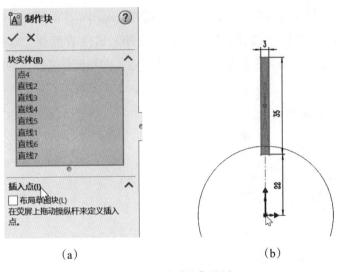

图 5-2-5　制作"块"的过程

(a) 将所画矩形和中心线草图全部选入"块实体"中；(b) 插入点效果

（2）单击圆柱背面，如图 5-2-6（a）所示，在弹出的关联菜单中单击"草图绘制"按钮，进入草图绘制。执行"工具"→"块"→"插入"命令，插入刚制作的块并标注角度，如图 5-2-6（b）所示。绘制完成后单击"退出草图"按钮，退出草图绘制。

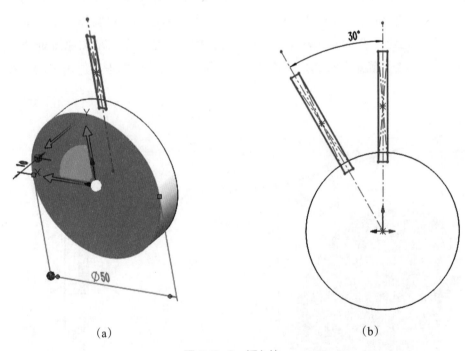

图 5-2-6　插入块

(a) 单击圆柱背面；(b) 插入刚制作的块并标注角度

（3）在"特征"工具栏单击"放样凸台 / 基体"按钮 ，在弹出的"放样"属性管理器中选择放样的轮廓，如图 5-2-7（a）所示，注意拖动对应控制点到图形相应位置，如图 5-2-7（b）所示，同时取消勾选"合并结果"，如图 5-2-7（c）所示，单击"确定"按钮，生成实体基座，即得实体模型，放样效果如图 5-2-7（d）所示。

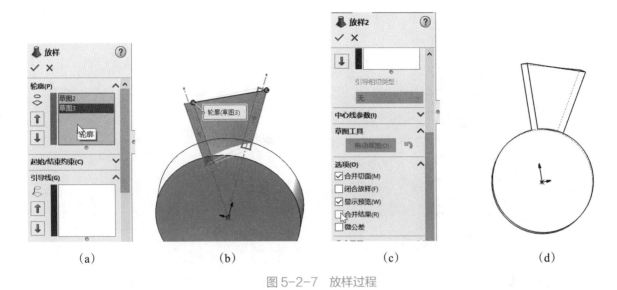

图 5-2-7 放样过程

(a) 选择放样的轮廓;(b) 拖动对应控制点到图形相应位置;(c) 取消勾选"合并结果";(d) 放样效果

（4）单击模型上表面，如图 5-2-8（a）所示，在弹出的关联菜单中单击"草图绘制"按钮，进入草图绘制。执行"隐藏线可见"命令，如图 5-2-8（b）所示，显示出虚线，然后绘制叶片草图并标注圆角尺寸，如图 5-2-8（b）所示。绘制完成后单击"退出草图"按钮，退出草图绘制。

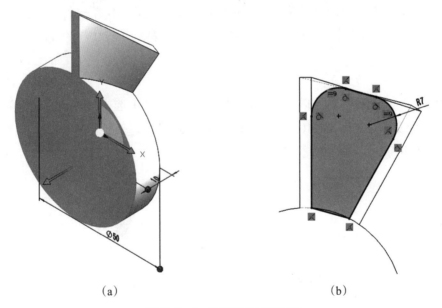

图 5-2-8 叶片草图绘制过程

(a) 单击模型上表面;(b) 绘制叶片草图并标注圆角尺寸

（5）单击"拉伸切除"按钮，在"切除 - 拉伸"属性管理器"方向 1"中设置"深度"为 10mm，并勾选"反侧切除"，在"特征范围"所选实体中选择放样，如图 5-2-9（a）所示，其他选项默认。单击"确定"按钮，生成实体基座，即得实体模型，叶片切除效果如图 5-2-9（b）所示。

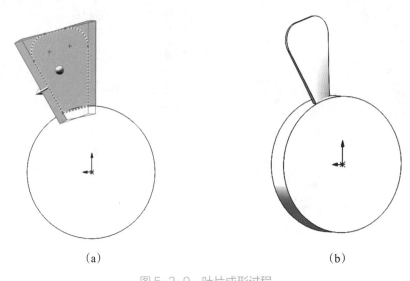

图 5-2-9　叶片成形过程

（a）选择放样；（b）叶片切除效果

特别提示

执行"反侧切除"命令的前一步一定要在放样步骤里取消选择"合并结果"，否则圆柱将和放样的叶片形成一个实体，在此步反侧切除时将作为一个实体被切除掉，变成只有一个叶片的实体。而取消选择"合并结果"后，叶片和圆柱是两个独立实体，所切除的范围仅限放样的叶片，而圆柱不会被切除掉。

3. 圆周阵列叶片

单击"圆周阵列"按钮 ，在"阵列（圆周）1"属性管理器中选择圆柱临时轴作为阵列的中心轴，并且选择所要阵列的实体，如图 5-2-10（a）和图 5-2-10（b）所示，其他选项默认。单击"确定"按钮，生成实体基座，即得风扇叶模型。至此，建模完毕。

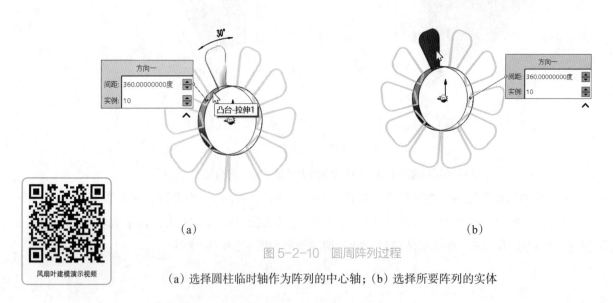

图 5-2-10　圆周阵列过程

（a）选择圆柱临时轴作为阵列的中心轴；（b）选择所要阵列的实体

任务 5.3　锤头建模

任务描述

利用 SolidWorks 2020 建立如图 5-3-1 所示的锤头模型。此任务主要应用放样凸台进行建模。

图 5-3-1　锤头模型

锤头建模项目文件

子任务 5.3.1　建模思路分析

该零件主要的特征是变截面实体，即在不同的截面位置，其截面的形状都不一样。此类零件主要采用放样成型进行建模。锤头模型的建模思路：①利用放样创建锤头头部；②利用放样创建锤头尾部；③将锤头弯曲。

子任务 5.3.2　建模操作步骤

1. 创建锤头头部

1）创建三个基准面

（1）单击"前视基准面"，执行"插入"→"参考几何体"→"基准面"命令，在弹出的"基准面"属性管理器中设置"偏移距离"为 25mm，单击"确定"按钮，创建基准面 1，如图 5-3-2 所示。

（2）选择"基准面 1"，执行"插入"→"参考几何体"→"基准面"命令，在弹出的"基准面"属性管理器中同样设置"偏移距离"为 25mm，单击"确定"按钮，创建基准面 2，如图 5-3-3 所示。

（3）按以上步骤创建基准面 3，如图 5-3-4 所示，其中"基准面"属性管理器中"偏移距离"设置为 40mm。

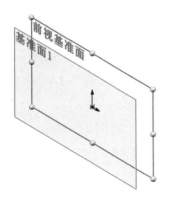

图 5-3-2　创建基准面 1

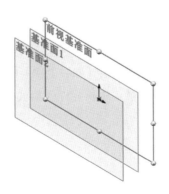

图 5-3-3　创建基准面 2

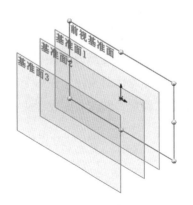

图 5-3-4　创建基准面 3

2）绘制锤头头部草图

（1）单击"前视基准面"，在弹出的关联菜单中单击"草图绘制"按钮，进入草图绘制。单击"中心矩形"按钮□绘制一个如图 5-3-5 所示的正方形并标注尺寸，绘制完成后退出草图绘制。

（2）单击"基准面 1"，进入草图绘制，绘制一个以原点为圆心的圆并标注直径尺寸为 50mm，如图 5-3-6 所示，绘制完成后退出草图绘制。

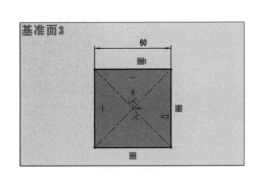

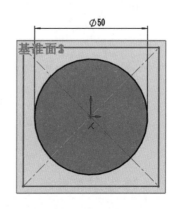

图 5-3-5　绘制一个正方形并标注尺寸　　　　图 5-3-6　绘制一个以原点为圆心的圆并标注直径尺寸为 50mm

（3）单击"基准面 2"，进入草图绘制，视图方向变为前视，绘制一个以原点为圆心的圆如图 5-3-7 所示，使圆的边线与正方形的顶点重合，绘制完成后退出草图绘制。

（4）单击"基准面 3"，进入草图绘制，绘制一个和在基准面 2 上绘制的圆同样大小的圆，绘制完成后退出草图绘制。锤头头部草图绘制完成的效果如图 5-3-8 所示。

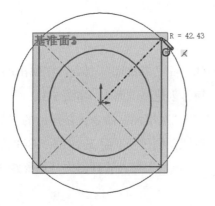

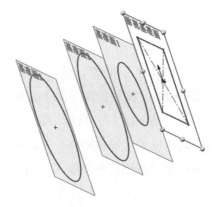

图 5-3-7　绘制一个以原点为圆心的圆　　　　图 5-3-8　锤头头部草图绘制完成的效果

3）锤头头部放样

单击"放样凸台 / 基体"按钮，在弹出的"放样"属性管理器中选择放样的轮廓，如图 5-3-9（a）所示，选择轮廓时要注意在每个轮廓的同一位置附近（如右上侧）单击，轮廓选择效果如图 5-3-9（b）所示，单击"确定"铵钮，完成锤头头部的放样，锤头头部放样效果如图 5-3-9（c）所示。

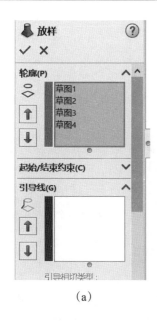

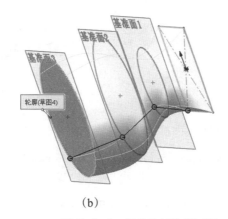

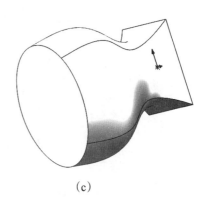

　　(a)　　　　　　　　　　　(b)　　　　　　　　　　　(c)

图 5-3-9　锤头头部放样过程

(a) 选择放样的轮廓；(b) 轮廓选择效果；(c) 锤头头部放样效果

2. 创建锤头尾部

1）创建基准面 4

　　单击"前视基准面"，执行"插入"→"参考几何体"→"基准面"，在弹出的"基准面"属性管理器中设置"偏移距离"为 200mm，并勾选"反转等距"，这样新基准面将在前视基准面后面生成，然后单击"确定"按钮，创建基准面 4，如图 5-3-10 所示。

2）绘制锤头尾部草图

　　单击"基准面 4"，进入草图绘制，单击"中心矩形"按钮，以原点为中心点绘制一个矩形并标注尺寸如图 5-3-11 所示，单击"确定"按钮，退出草图绘制。

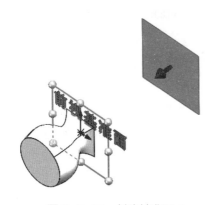

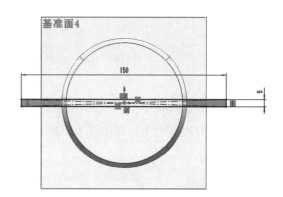

图 5-3-10　创建基准面 4　　　　　　图 5-3-11　以原点为中心点绘制一个矩形并标注尺寸

3）锤头尾部放样

　　单击"放样凸台 / 基体"按钮，在弹出的"放样"属性管理器中选择锤头头部顶面和基准面 4 绘制的草图，锤头尾部放样选择如图 5-3-12 所示，单击"确定"按钮，完成锤头尾部放样。

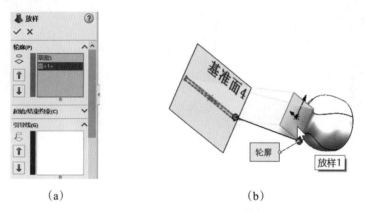

| (a) | (b) |

图 5-3-12　锤头尾部放样选择

（a）"放样"属性管理器；（b）选择锤头头部顶面和基准面 4 绘制的草图

3. 将锤头弯曲

（1）单击"弯曲"按钮，在弹出的"弯曲"属性管理器中选择要弯曲输入的实体，然后移动鼠标到球心，右击，在弹出的快捷菜单中单击"对齐到 …"，然后选择"右视基准面"。锤头弯曲过程 1 如图 5-3-13 所示。

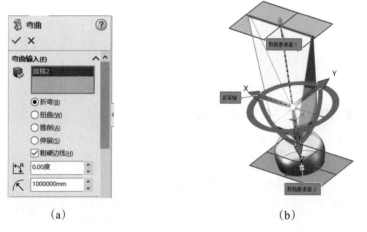

| (a) | (b) |

图 5-3-13　锤头弯曲过程 1

（a）"弯曲"属性管理器；（b）移动鼠标到球心

（2）单击"剪裁基准面 2"，再次移动鼠标至球心，右击选择"移动三重轴到基准面 2"，并将鼠标移动到剪裁基准面 1 的边线之上，单击并上下拖动，单击"确定"按钮，完成锤头的弯曲，锤头弯曲过程 2 如图 5-3-14 所示。

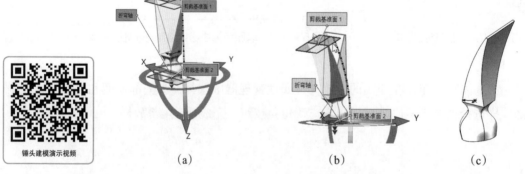

| (a) | (b) | (c) |

图 5-3-14　锤头弯曲过程 2

（a）将鼠标移动到剪裁基准面 1 的边线之上；（b）单击并上下拖动；（c）锤头弯曲效果

任务 5.4　圆柱凸轮建模

任务描述

利用 SolidWorks 2020 建立如图 5-4-1 所示的圆柱凸轮模型。该零件的圆周尺寸为直径的 π（pi）倍的方程式，因此可以建立以直径为变量的参数化驱动尺寸为圆周长度尺寸。

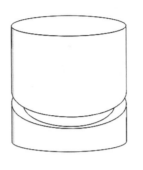

圆柱凸轮建模项目文件

图 5-4-1　圆柱凸轮模型

子任务 5.4.1　建模思路分析

圆柱凸轮的工作原理主要是依靠表面的沟槽来带动从动件运动，因此圆柱表面的沟槽是该零件最主要的特征。该零件的建模思路：①创建圆柱基体；②绘制从动件运动线图；③切除沟槽。

子任务 5.4.2　建模操作步骤

1. 创建圆柱基体

单击"前视基准面"，在弹出的关联菜单中单击"草图绘制"按钮，进入草图绘制。绘制一个直径为 100mm 的圆形草图，如图 5-4-2（a）所示，然后将其拉伸成高度为 100mm 的圆柱，如图 5-4-2（b）所示。

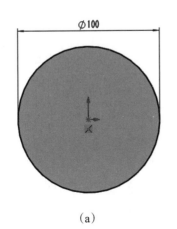

（a）

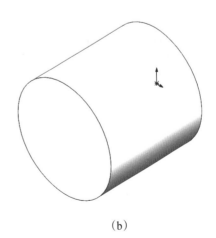

（b）

图 5-4-2　创建圆柱基体

（a）圆形草图；（b）圆柱

2. 绘制从动件运动线图

（1）以"上视基准面"为参考，插入与其平行同时又与圆柱相切的新基准面——基准面1，如图5-4-3所示。

（2）在"基准面1"上绘制草图，利用"样条曲线"命令，绘制样条曲线。需要特别说明的是，该样条曲线是由三个点生成的。然后利用"智能尺寸"命令进行标注，分别单击样条曲线的两个端点，标注其水平方向的距离，在弹出的"修改"对话框中，输入"=100*pi"。绘制样条曲线并进行标注的过程如图5-4-4所示。

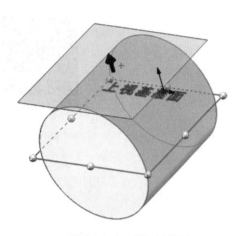

图 5-4-3　插入基准面1

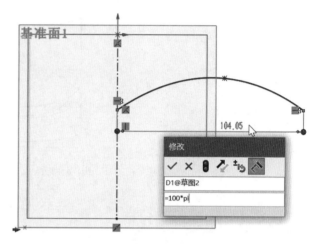

图 5-4-4　绘制样条曲线并进行标注的过程

这里需要补充说明两点：①在"修改"对话框里输入"="表示输入的是方程式，类似Excel；②方程"100*pi"是求圆柱的周长，其中"pi"是SolidWorks软件默认的圆周率。

（3）利用"智能尺寸"命令标注样条曲线中间点与左端点的水平距离，输入方程"=100*pi/2"，即为圆柱周长的一半，如图5-4-5（a）所示，单击"确定"按钮，后即可发现样条曲线中间点已经到了水平中间位置，标注效果如图5-4-5（b）所示。

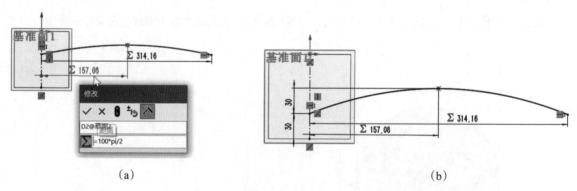

（a）　　　　　　　　　　　　　　　　　　　　（b）

图 5-4-5　确定样条曲线中间点的位置

（a）输入方程"=100*pi/2"；（b）标注效果

（4）选择样条曲线的两个端点，添加"水平"约束，分别选择样条曲线左右两个端点，选择样条曲线的控制柄，约束为水平，标注左端点和圆柱底面的竖直距离为30mm，标注左端点和样条曲线中间点的竖直距离为30mm，可得从动件运动线图如图5-4-6所示。

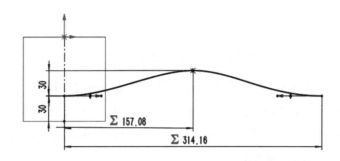

图 5-4-6　从动件运动线图

这里补充说明两点：①标注左端点和样条曲线中间点的竖直距离其实就是从动件的推程，即凸轮能将从动件推出最大的位移量；②设置样条曲线两个端点控制柄水平约束是为了保证从动件在运动过程中能减少冲击。

（5）假设凸轮从动件厚度为 10mm，等距离偏置绘制好的曲线，设置偏置距离为 10mm，并在两端增加两条直线，将从动件运动线图绘制成封闭线框，如图 5-4-7 所示。

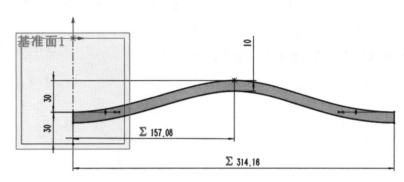

图 5-4-7　将从动件运动线图绘制成封闭线框

3. 切除沟槽

在"特征"工具栏单击"包覆"按钮，在弹出的"包覆 1"属性管理器中，分别选择包覆面和包覆草图，"包覆类型"选择"蚀雕"，在"包覆参数"中设置"厚度"为 10mm，此时，包覆预览效果如图5-4-8 所示，单击"确定"按钮，即可完成沟槽切除。至此，建模完毕。

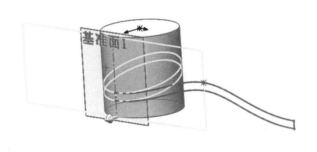

图 5-4-8　包覆预览效果

圆柱凸轮建模演示视频

拓展阅读

高凤林：国宝级焊工技师

一个焊点的宽度仅为 0.16mm，完成焊接允许的时间误差不超过 0.1 秒，管壁厚度仅为 0.33mm，要满足这样"严苛"的标准，焊工必须要有精湛的技术。高凤林，是焊接水平最高的焊工之一，能够完美地完成焊接。高凤林热爱航天、勤奋实践、刻苦钻研，三十多年来，他一直奋战在航天制造的第一线，经他手的火箭共有 130 多枚成功飞向太空。

学技术，高凤林从不惜力。自进入 211 厂发动机焊接车间成为一名氩弧焊工起，高凤林就开始了刻苦的训练：吃饭时拿筷子练送丝，喝水时端着盛满水的缸子练稳定性，休息时举着铁块练耐力，时常冒着高温观察铁水的流动规律，并练就了"如果焊接需要，可以 10 分钟不眨眼"的绝活儿。汗水与时间将高凤林打磨成名副其实的"金手天焊"。

高凤林依靠基层焊接工人的手艺，做着不一样的工作，他给火箭发动机焊接，是技工人员中的佼佼者，他在焊接技术方面有着超人的独特技能，是理论和实践相结合的践行者。

由于高凤林的焊接技术达到了炉火纯青的地步，曾被多家公司争相聘用，这些公司开出的条件更是一家比一家高，而高凤林却根本不把这些放在眼里，他拒绝的理由十分简单："看着自己造的火箭载着卫星飞船飞上太空，那种成功之后的自豪感是金钱不能买到的。"

（资料来源：快资讯，有删改）

项目6

钣金件建模

项目概述

钣金件是钣金工艺加工出来的产品，其显著的特征是同一零件厚度一致（通常在6mm以下）。钣金主要工艺包括剪、冲/切/复合、折、焊接、铆接、拼接、成型（如汽车车身）等。在本项目中需要对槽扣钣金、机箱风扇支架钣金进行建模设计，从而掌握钣金件的建模方法以及设计步骤。

目标导航

知识目标

❶ 了解钣金类的成形工艺特征。

❷ 区别实体特征与钣金特征的不同之处。

❸ 熟悉钣金建模的建立方法。

能力目标

❶ 掌握基体法兰和边线法兰等法兰创建工具的使用方法。

❷ 掌握断裂边角、褶边、自定义成形工具及通风口等特征工具的使用方法。

❸ 掌握解除压缩、压缩的使用方法。

素养目标

培养一丝不苟、追求卓越的工作品质。

任务 6.1 槽扣钣金建模

任务描述

利用 SolidWorks 2020 建立如图 6-1-1 所示的槽扣钣金模型。该零件由一段矩形薄板折弯而成，添加了凸耳、直通孔，最后设置钣金件厚度和折弯半径即可完成建模。

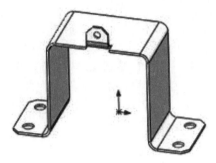

图 6-1-1　槽扣钣金模型

子任务 6.1.1　建模思路分析

通过分析图 6-1-1，可确定槽扣钣金的建模思路：①创建基体法兰；②取顶面一根边线创建边线法兰，再切除 5 个直通孔；③给钣金件添加断裂边角；④创建工程图。

子任务 6.1.2　建模操作步骤

1. 创建基体法兰

在前视基准面上利用"直线"命令绘制零件的完整轮廓，绘制如图 6-1-2（a）所示的基体法兰草图。执行"插入"→"钣金"→"基体法兰"命令，选择刚绘制的基体法兰草图为对象，在"基体法兰"属性管理器"方向 1"中设置"给定深度"为 30mm，在"钣金规格"中勾选"使用规格表"，选择" K-FACTOR MM SAMPLE"，在"钣金参数"中选择钣金厚度为 1.0 的"规格 5"，设置"折弯半径"为 3mm；在"折弯系数"中选择"k 因子"为 0.5，其余默认。单击"确定"按钮，完成基体法兰的创建，基体法兰如图 6-1-2（b）所示。

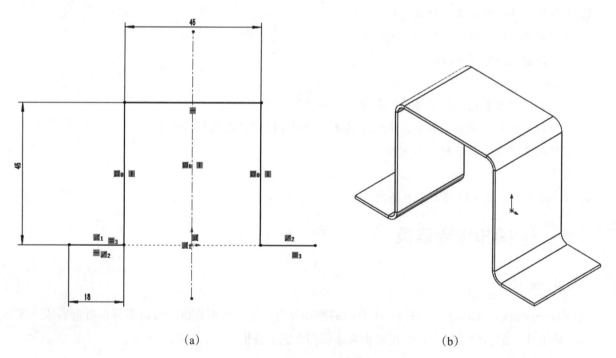

（a）　　　　　　　　　　　　　　　　　　　（b）

图 6-1-2　创建基体法兰的过程

（a）基体法兰草图；（b）基体法兰

2.创建边线法兰和直通孔

1）创建边线法兰

选择如图 6-1-3（a）所示的边线，执行"插入"→"钣金"→"边线法兰"命令，在"边线–法兰"属性管理器中单击"编辑法兰轮廓"，添加两条竖直直线到已有轮廓中，并剪裁实体和标注成如图 6-1-3（b）所示法兰轮廓，单击弹出窗口的"finish"完成轮廓的编辑；在"法兰长度"中选择"给定深度"并设置为 10mm，"法兰位置"选择"材料在内"，其余选项默认。单击"确定"按钮，完成边线法兰的创建，边线法兰效果如图 6-1-3（c）所示。

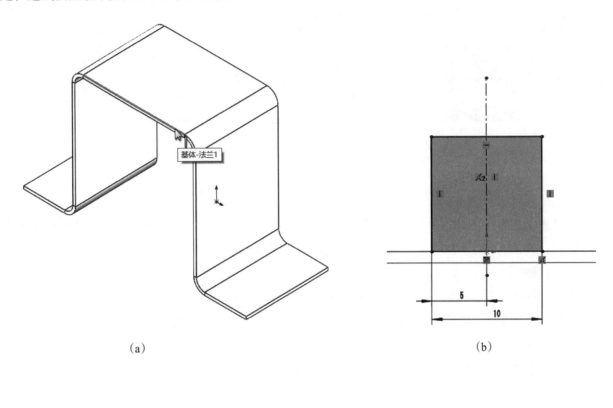

（a）　　　　　　　　　　　　　　（b）

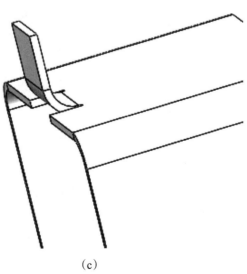

（c）

图 6-1-3　创建边线法兰

（a）选择边线；（b）法兰轮廓；（c）边线法兰效果

2）创建直通孔

（1）在"特征"工具栏单击"异型孔向导"按钮，在"孔规格"属性管理器"孔类型"中选择"孔"，设置"标准"为 GB，设置孔规格"大小"为 3.0。切换到"位置"，单击如图 6-1-4 所示的直通孔位置为孔中心，并标注尺寸，单击"确定"按钮，完成 3.0 直通孔的创建。

（2）重复上面步骤，在底面钻出大小为 5.0 的直通孔 4 个，底面直通孔位置如图 6-1-5 所示。

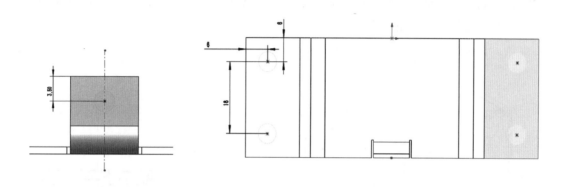

图 6-1-4　直通孔位置　　　　　　　图 6-1-5　底面直通孔位置

3. 添加边角

选择直通孔所在平面的 6 个边角，执行"插入"→"钣金"→"断裂边角"命令，添加倒角距离为 3.0 的边角。

4. 平板型式

在设计树中，右击"平板型式 1"特征，在弹出的关联菜单中单击"解除压缩"按钮，使钣金展开成平板型式，如图 6-1-6 所示。此时在绘图区右上角有一个"压缩平板型式"按钮，单击此按钮可以将钣金恢复到弯曲状态。

此时单击"保存"按钮，将该零件保存为"槽扣"。

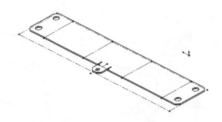

图 6-1-6　平板型式

5. 生成工程图

（1）新建一个 A4 大小的工程图图纸，在"模型视图"属性管理器"要插入的零件/装配体"中单击"浏览"按钮，打开刚创建的"槽扣"文件，然后选择要放置的标准视图为上视图，将其置于工程图中作为该工程图的主视图。再执行"投影视图"命令，增加该视图的左视图即可。

（2）标注尺寸，执行"插入"→"模型项目"命令，在"来源/目标"的"来源"中选择"整个模型"，勾选"将项目输入到所有视图"，在"尺寸"中选择"为工程图标注"，并勾选"消除重复"，其余选项默认，单击"确定"按钮，完成尺寸的标注。最后手动调整尺寸的位置，或删除、更改尺寸标注，完成槽扣钣金工程图的创建，槽扣钣金工程图如图 6-1-7 所示，最后进行保存。

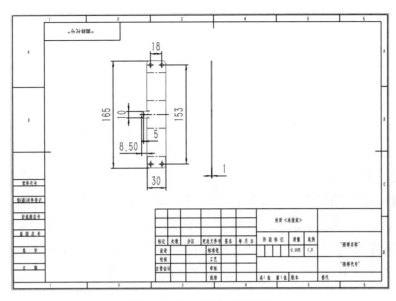

槽扣钣金建模演示视频

图6-1-7　槽扣钣金工程图

机箱风扇支架钣金建模

任务描述

利用SolidWorks 2020建立如图6-2-1所示的机箱风扇支架模型。本任务为机箱风扇支架的建模过程，在设计过程中运用了基体法兰、边线法兰、褶边、自定义成形工具、添加成形工具及通风口等钣金设计工具。

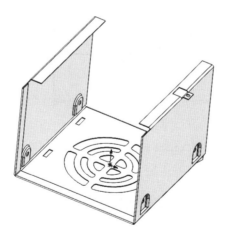

机箱风扇支架钣金建模项目文件

图6-2-1　机箱风扇支架模型

子任务6.2.1　建模思路分析

机箱风扇支架是一个较复杂的钣金零件，在设计过程中需要综合运用钣金的各项设计功能。该零件建模的整体思路：①创建基体法兰；②创建褶边，给基体法兰3个边向内褶边，形成扣边；③创建边线法兰，用于上盖装配；④编辑边线法兰并切除孔；⑤切除钣金件底面4个矩形孔；⑥自定义成形工具；

⑦线性阵列成形工具；⑧创建通风口；⑨创建向下的边线法兰并钻孔；⑩展开机箱风扇支架，解除压缩，展开形成平板状态。

子任务 6.2.2　建模操作步骤

1. 创建基体法兰

（1）选择"前视基准面"作为绘制草图的基准面，绘制如图 6-2-2 所示的草图 1，并标注相应的尺寸。为水平线与原点添加"中点"约束几何关系，单击"退出草图"按钮，退出草图绘制。

（2）单击草图 1，执行"钣金"→"基体法兰 / 薄片"命令，或执行"插入"→"钣金"→"基体法兰"命令，在"基体法兰"属性管理器"方向 1"中选择"两侧对称"，设置"深度"为值 110mm，在"钣金参数"中设置"厚度"为 0.5mm，设置"圆角半径"为 1mm，其他选项默认，"基体法兰"属性管理器设置如图 6-2-3 所示，单击"确定"按钮，完成基体法兰的创建。

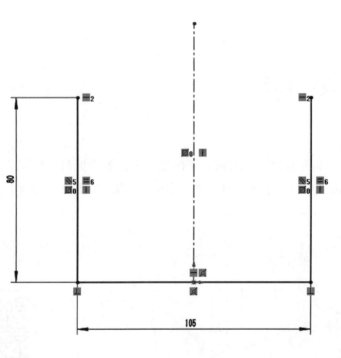

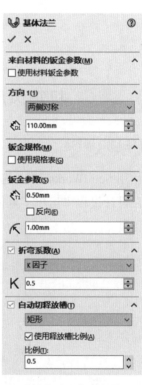

图 6-2-2　草图 1　　　　　　　　　　　　　　　　　图 6-2-3　"基体法兰"属性管理器设置

2. 创建褶边

在如图 6-2-4 所示的基体法兰中选取左侧的 3 条边线，执行"钣金"→"褶边"命令，在"褶边"属性管理器中单击"材料在内"按钮，在"类型和大小"中单击"闭合"按钮，设置"长度"为 8mm，其他选项默认，"褶边"属性管理器如图 6-2-5 所示，单击"确定"按钮，完成褶边的创建。

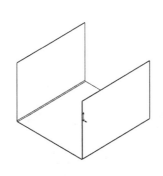

图 6-2-4　基体法兰

图 6-2-5　"褶边"属性管理器

3. 创建边线法兰

（1）单击拾取如图 6-2-6 所示的边线，执行"钣金"→"边线法兰"命令，在"边线－法兰 1"属性管理器"法兰长度"中设置"长度"为 10mm，单击"外部虚拟交点"按钮，在"法兰位置"中单击"折弯在外"按钮，然后单击"编辑法兰轮廓"按钮，进入编辑法兰轮廓状态。选择法兰轮廓，单击"草图"工具栏里的"显示 / 删除几何关系"按钮，删除其在边线上的约束，然后通过标注智能尺寸，编辑法兰轮廓，单击"确定"按钮，结束对法兰轮廓的编辑。编辑法兰轮廓的过程 1 如图 6-2-7 所示。

（2）重复上面的步骤，创建钣金件的另一侧面上的边线法兰。

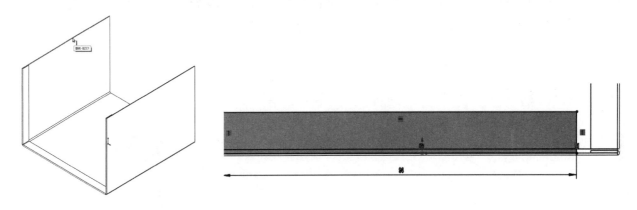

图 6-2-6　单击拾取边线　　　　　　　　图 6-2-7　编辑法兰轮廓的过程 1

4. 编辑边线法兰并切除孔

（1）在如图 6-2-8 所示的机箱风扇支架初步模型中选择其中一个侧面上的边线法兰，在弹出的关联菜单中单击"正视于"按钮，将该基准面作为绘制草图的基准面。绘制如图 6-2-9 所示的草图 2，并标注智能尺寸。

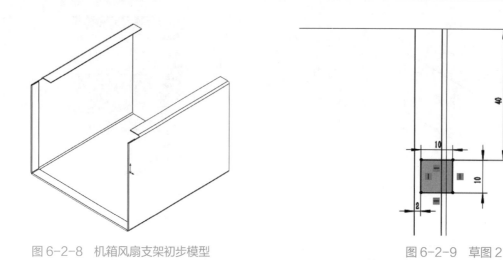

图 6-2-8　机箱风扇支架初步模型　　　　　　　　　图 6-2-9　草图 2

（2）单击"拉伸切除"按钮，在"切除－拉伸"属性管理器中设置"深度"为 1.5mm，单击"确定"按钮，完成切除。

（3）在如图 6-2-10 所示的切除草图 2 模型后的边线法兰上选择需要折弯在外的边线，执行"钣金"→"边线法兰"命令，在"边线－法兰 1"属性管理器"法兰长度"中设置"长度"为 6mm，单击"外部虚拟交点"按钮，在"法兰位置"中单击"折弯在外"按钮，其他选项默认，再单击"编辑法兰轮廓"按钮，进入编辑法兰轮廓状态。删除其在边线上的约束，通过标注智能尺寸，编辑法兰轮廓，单击"确定"按钮，结束对法兰轮廓的编辑。编辑法兰轮廓的过程 2 如图 6-2-11 所示。

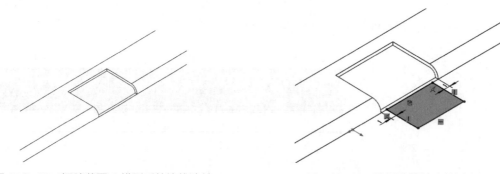

图 6-2-10　切除草图 2 模型后的边线法兰　　　　图 6-2-11　编辑法兰轮廓的过程 2

（4）在刚才编辑好的边线法兰面上绘制如图 6-2-12 所示的法兰孔草图，进行拉伸切除，在"切除－拉伸"属性管理器"方向 1"中选择"贯穿所有"，单击"确定"按钮，完成孔的切除。

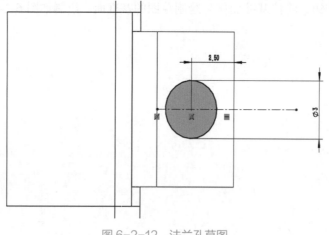

图 6-2-12　法兰孔草图

5. 切除钣金件底面 4 个矩形孔

（1）单击如图 6-2-13 所示的钣金件底面，在弹出的关联菜单中单击"正视于"按钮，将该面作为绘制草图的基准面。绘制如图 6-2-14 所示的 4 个矩形，并标注智能尺寸。

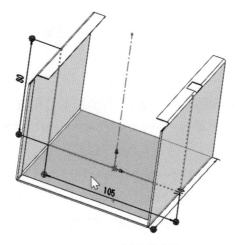

图 6-2-13　钣金件底面

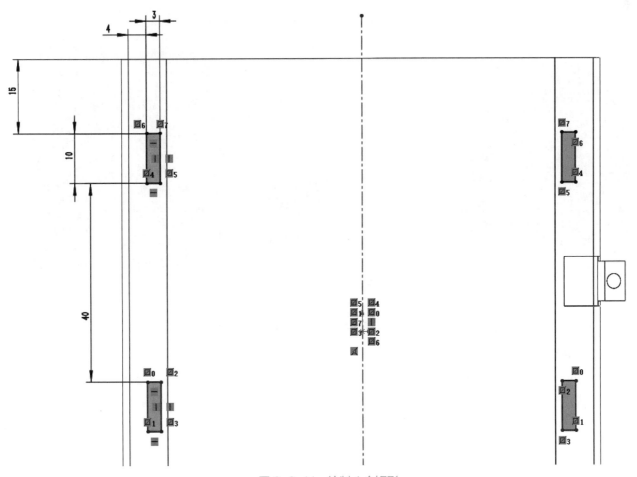

图 6-2-14　绘制 4 个矩形

（2）执行"特征"→"拉伸切除"命令，在"切除-拉伸"属性管理器"方向 1"中设置"深度"为值 0.5mm，单击"确定"按钮，切除 4 个矩形。

6. 创建自定义成形工具

在进行钣金设计的过程中，如果软件设计库中没有需要的成形工具，那么就需要用户自己创建。机箱风扇支架创建成形工具的过程如下。

1）新建一个零件文件

执行"文件"→"新建"→"零件"命令，然后单击"确定"按钮，创建一个新的零件文件。

2）绘制成形工具基本草图

（1）选择"前视基准面"作为绘制草图的基准面，执行"特征"→"拉伸凸台/基体"命令，绘制一个以原点为圆心的圆形，添加三条直线，为直线与圆添加"相切"约束，得到如图6-2-15所示的草图3，单击"退出草图"按钮，退出草图绘制。在"凸台－拉伸"属性管理器"方向1"中设置"深度"为2mm，单击"确定"按钮。

（2）单击图6-2-16所示的拉伸实体的一个面作为绘制草图的基准面，执行"特征"→"拉伸凸台/基体"命令，绘制一个矩形，矩形要大于拉伸实体的投影面积，如图6-2-17所示的草图4，单击"退出草图"按钮，退出草图绘制。在"凸台－拉伸"属性管理器"方向1"中设置"深度"为5mm，单击"确定"按钮。

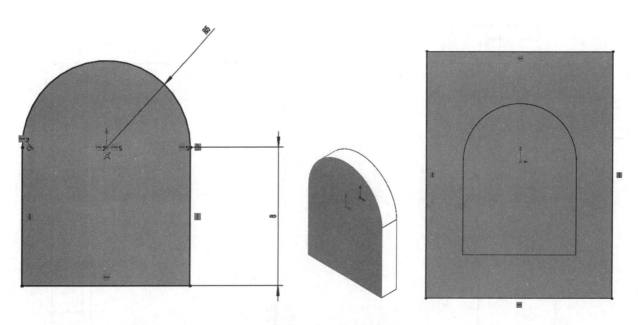

图6-2-15 草图3　　　　　图6-2-16 选择拉伸实体的一个面　　　　图6-2-17 草图4

3）创建圆角

（1）执行"特征"→"圆角"命令，在"圆角"属性管理器"圆角类型"中选择"等半径"，设置"半径"为1.5mm，选择如图6-2-18所示的实体边线，单击"确定"按钮，完成圆角1的创建。

（2）重复以上步骤，选择如图6-2-19所示的实体的另一条边线倒圆角，设置"半径"为0.5mm，单击"确定"按钮完成圆角2的创建。

4）拉伸切除实体

在实体上选择如图6-2-20所示的面作为绘制草图的基准面，进入草图绘制，执行"草图"→"转换实体引用"命令，将选择的矩形表面转换成矩形图素，执行"特征"→"拉伸切除"命令，在"切除－拉伸"属性管理器"方向1"中选择"完全贯穿"，单击"确定"按钮，完成拉伸切除操作。

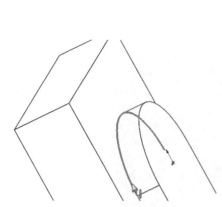
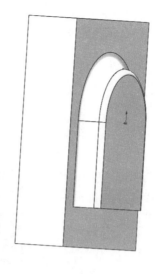
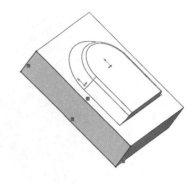

图6-2-18 选择实体边线　　　图6-2-19 选择实体的另一条边线　　　图6-2-20 选择面

5）插入分割线

（1）在实体上选择如图6-2-21所示的插入分割线的基准面，执行"草图"→"圆形"命令，在基准面上绘制一个圆心与原点重合的圆，并标注直径为3.5mm，得到如图6-2-22所示的草图5，单击"退出草图"按钮，出出草图绘制。

（2）执行"插入"→"曲线"→"分割线"命令，调出"分割线"属性管理器，在"分割类型"中选择"投影"，在"要投影的草图"中选择草图5中的圆形，在"要分割的面"中选择如图6-2-21所示的面，单击"确定"按钮，完成插入分割线的操作。

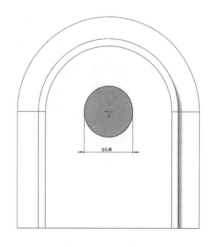

图6-2-21 插入分割线的基准面　　　图6-2-22 草图5

6）更改成形工具切穿部位的颜色

在使用成形工具时，如果遇到成形工具中红色的表面，软件将对钣金零件作切穿处理。所以，在创建成形工具时，要将需要切穿的部位颜色更改为红色。选择需要切穿部位所在的表面，单击"标准"工具栏中的"颜色"按钮，弹出"颜色"属性管理器，设置"红色"为RGB标准颜色，即R=255，G=0，B=0，其他选项默认，单击"确定"按钮。

7）绘制成形工具定位草图

单击如图6-2-23所示的成形工具表面作为绘制草图的基准面，进入草图绘制，执行"草图"→"转换实体引用"命令,将选择表面转换成图素。然后,执行"草图"→"中心线"命令,绘制两条互相垂直的中心线,中心线交点与圆心重合,终点都与圆重合,得到如图 6-2-24 所示的草图 6,单击"退出草图"按钮,退出草图绘制。

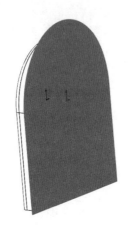

图 6-2-23 单击成形工具表面

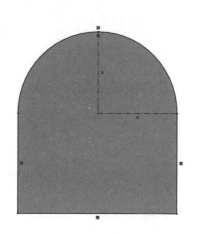

图 6-2-24 草图 6

8)保存成形工具

(1)使用成形工具库时,右击文件夹,选择"成形工具文件夹",将工具库激活后使用。

(2)在设计树中右击成形工具零件名称,在弹出的快捷菜单中选择"添加到库"。这时,将弹出"添加到库"属性管理器。在"设计库文件夹"中选择"lances"文件夹作为成形工具的保存位置,"添加到库"属性管理器设置如图 6-2-25 所示。将此成形工具命名为"风扇螺钉口成形工具",保存类型为"sldprt",单击"确定"按钮,完成对成形工具的保存。

图 6-2-25 "添加到库"属性管理器设置

(3)这时,单击"设计库"按钮,根据如图 6-2-25 所示的路径可以找到成形工具的文件夹,找到需要添加的成形工具"风扇螺钉口成形工具",将其拖放到钣金零件的侧面上,添加成形工具后的效果如图 6-2-26 所示。再单击"位置",按如图 6-2-27 所示标注尺寸后,单击"确定"按钮后完成硬盘成形工具 1。

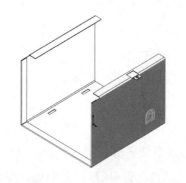

图 6-2-26 添加成形工具后的效果

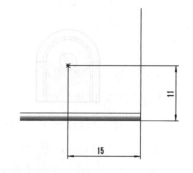

图 6-2-27 标注尺寸

7. 线性阵列成形工具

（1）执行"特征"→"线性阵列"命令；在"线性阵列"属性管理器"方向 1"的"阵列方向"中单击，选择钣金件的一条边线，单击"反向"按钮切换阵列方向，设置"间距"为 80mm，设置"实例数"为 2，然后在设计树中单击"硬盘成形工具 1"，单击"确定"按钮，完成对成形工具的线形阵列，成形工具线性阵列效果如图 6-2-28 所示。

（2）执行"特征"→"镜向"命令，在"镜向"属性管理器中的"镜向面 / 基准面"栏中单击，选择"右视基准面"作为镜向面，单击"要镜向的特征"栏，选择"硬盘成形工具 1"和"阵列（线形）1"作为要镜向的特征，其他选项默认，单击"确定"按钮，完成对成形工具的镜向。

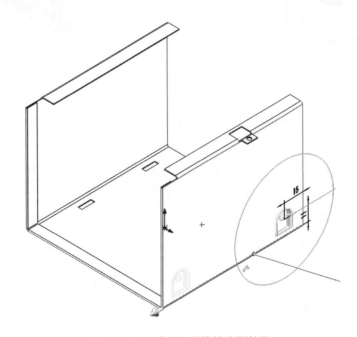

图 6-2-28 成形工具线性阵列效果

8. 创建通风孔

（1）选择钣金件底面作为绘制草图的基准面，绘制四个同心圆，并标注直径尺寸，执行"草图"→"直线"命令，绘制两条互相垂直的直线，直线均过圆心，得到如图 6-2-29 所示的草图 7，单击"退出草图"按钮，退出草图绘制。

（2）执行"插入"→"扣合特征"→"通风口"命令，弹出"通风口"属性管理器，选择通风口草图中的最大直径圆作为边界，设置"圆角的半径"为 2mm，在草图中选择两条互相垂直的直线作为通风口的筋，设置"筋的深度"为 5mm；在草图中选择中间的两个圆作为通风口的翼梁，设置"翼梁的深度"为 5mm，得到如图 6-2-30 所示的通风口。

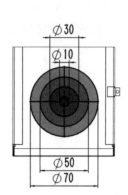

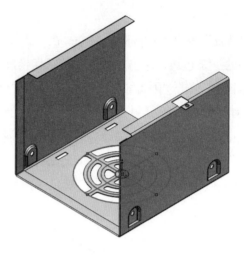

图 6-2-29　草图 7　　　　　　　　　　图 6-2-30　通风口

9. 创建向下的边线法兰并钻孔

（1）在钣金件底面没有创建褶边的一边选择边线，如图 6-2-31 所示，执行"插入"→"钣金"→"边线法兰"命令，在"边线－法兰1"属性管理器"法兰长度"中设置"长度"为 10mm，单击"外部虚拟交点"按钮，在"法兰位置"中单击"材料在内"按钮，勾选"剪裁侧边折弯"，其他选项默认，单击"确定"按钮，完成向下的边线法兰。

（2）执行"插入"→"钣金"→"断裂边角"命令，选择如图 6-2-32 所示的向下的边线法兰的两个边角作为断裂边角的对象，设置"距离"为 5mm，单击"确定"按钮完成断裂边角的创建。

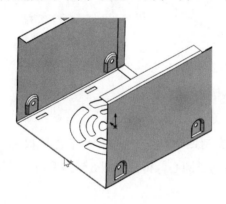

图 6-2-31　选择边线　　　　　　　　图 6-2-32　向下的边线法兰的两个边角

（3）执行"插入"→"特征"→"简单直孔"命令。在"孔"属性管理器中勾选"与厚度相等"，设置"孔直径"为 3.5mm，简单直孔设置如图 6-2-33 所示，单击"确定"按钮，完成简单直孔的插入。

图 6-2-33　简单直孔设置

（4）在插入简单直孔时，有可能孔的位置并不是很合适，这样就需要重新进行定位。在设计树中右击"孔1"，在弹出的关联菜单中单击"编辑草图"按钮，进入草图编辑状态，标注智能尺寸并增加通过原点的中心线，把孔镜向到另一边，编辑简单直孔的位置如图6-2-34所示，单击"退出草图"按钮，退出草图绘制。

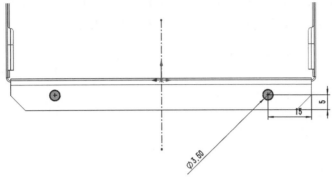

图6-2-34　编辑简单直孔的位置

10. 展开机箱风扇支架

右击设计树中的"平板型式1"，在弹出的快捷菜单中单击"解除压缩"，将钣金零件展开，展开后的机箱风扇支架如图6-2-35所示。单击"保存"按钮，保存文件。至此，建模完毕。

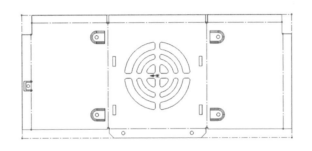

图6-2-35　展开后的机箱风扇支架

机箱风扇支架钣金建模
演示视频

拓展阅读

广东中山加快制造业数字化智能化转型

进管灌装，喷码扫码，包膜装箱……在位于广东省中山市的完美华南基地智能制造车间内，平均1秒钟便可生产1支芦荟胶。这正是"中山制造"数智化转型发展成果的一个缩影。

中山市地处粤港澳大湾区腹地，以传统制造业为主，市场主体以中小企业为主。近年来，随着传统制造业的优势逐渐减弱，"小而散"的专业镇经济模式成了制约中山发展的因素之一。只有帮助更多中小企业实现数字化智能化改造，才能为"中山制造"的转型升级注入新动能。

2020年，中山成为广东省内第二个开展特色产业集群产业链协同创新试点城市。中山围绕五金、家电、灯具、板式家具等特色产业集群，采取"政府政策＋智能制造供应商＋融资担保＋产业链中小企业"模式，对实施智能化转型的企业进行政策组合支持。以家电全产业链智能化转型为例，针对上游，中山通过引进芯片设计企业、搭建产品智能化平台、数字赋能平台，为家电产品"加心加脑"，接入鸿蒙生态。针对中游，建设抛光打磨、钣金加工等共性工厂，打造一批数字工厂、数字车间标杆，推动广大中小企业上云上平台，提升整体制造数字化水平。针对下游，计划利用中山美居区域品牌，开展数字化营销，提升家电品牌竞争力。目前，中山市已拥有智能制造试点国家级示范项目 2 个、省级示范项目 29 个、市级示范项目 86 个、省级工业互联网标杆 31 个。

　　广东省区域发展蓝皮书研究会副会长梁士伦认为，提升产业链现代化水平是加快发展现代产业体系、推动经济体系优化升级的必然要求。中山应立足制造业的基础优势，主动对接广深港澳创新资源，发挥大湾区重要节点城市的作用，做强产业链细分领域关键环节或相关配套，共建共育高质高新世界级产业集群。

（资料来源：中国经济网，有删改）

项目 7

曲面建模

项目概述

带有特定形状的实体模型的外表是由曲面组成的，曲面定义了实体的外形，曲面可以是平的也可以是弯曲的，曲面只有形状，没有厚度。本项目通过绘制曲线草图，创建各种曲面，并通过编辑曲面相互之间的关系，创建带有特定形状的实体。

目标导航

知识目标

❶ 了解曲线与绘制草图的基准面之间的位置关系。

❷ 理解在曲面建模中如何选择便捷曲线绘制工具。

能力目标

❶ 掌握并熟练使用螺旋线、分割线、交叉曲线、投影曲线和曲面填充的建模方法。

❷ 掌握并熟练使用旋转曲面、扫描曲面、旋转切除、扫描切除和曲面切除等操作方法。

❸ 掌握并熟练使用曲面剪裁和缝合的方法。

❹ 掌握综合利用曲面建模工具实现产品造型设计。

素养目标

培养坚韧不拔、吃苦耐劳的工作精神。

任务 7.1 风扇叶曲面建模

任务描述

利用 SolidWorks 2020 建立如图 7-1-1 所示的风扇叶曲面建模模型，此风扇叶片为螺旋形叶片，也是常见的叶片形状。通过此任务的训练，掌握放样曲面的建模步骤和方法。

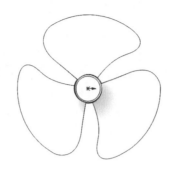

图 7-1-1　风扇叶曲面建模模型

子任务 7.1.1　建模思路分析

通过分析图 7-1-1 可知，风扇叶曲面建模模型由 3 片扇叶和中间的叶架连接而成。中间的叶架为空心并且有 6 根加强筋，以减少重量和保证必要的强度。建模按照由内而外的顺序进行。建模的具体思路：①创建一个旋转实体作为叶架；②在上视基准面上分别插入两条螺旋线，利用这两条曲线来放样曲面；③将曲面分割成两部分，删除外侧曲面；④加厚阵列出 3 个等分叶片；⑤创建加强筋；⑥圆周阵列加强筋。

子任务 7.1.2　建模操作步骤

1. 旋转叶架

（1）新建一个零件，单击"右视基准面"，在弹出的关联菜单中单击"正视于"按钮，并单击"草图绘制"按钮，进入草图绘制。

（2）先画一条通过原点的竖直中心线，再画三个矩形作为参考，并标注尺寸，三个矩形的底边水平对齐，叶架草图 1 如图 7-1-2 所示。在边长为 40mm 正方形左上角倒圆角 R4，并标注圆心的水平尺寸和竖直尺寸；然后添加两条样条曲线，删除左侧和上侧辅助的直线；对其他两个矩形分别倒圆角、直角，完成后得到叶架草图 2，如图 7-1-3 所示。最后标注尺寸，并调整样条曲线，得到如图 7-1-4 所示的叶架草图 3。单击"退出草图"按钮，退出草图绘制。

（3）单击"特征"工具栏里的"旋转凸台 / 基体"按钮，选择中心线为旋转轴，得到叶架外形实体，如图 7-1-5 所示。

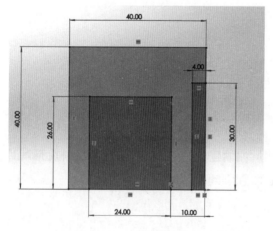

图 7-1-2　叶架草图 1

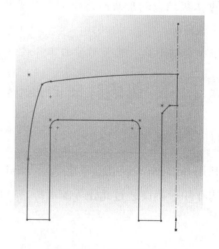

图 7-1-3　叶架草图 2

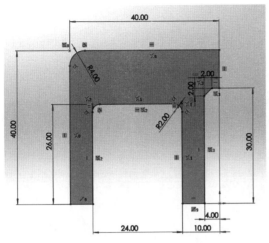

图 7-1-4　叶架草图 3

图 7-1-5　叶架外形实体

2. 放样曲面

（1）选择"上视基准面"，在弹出的关联菜单中单击"草图绘制"按钮，进入草图绘制。在原点上绘制一个直径为 70mm 的圆，在这个圆上插入螺旋线。执行"插入"→"曲线"→"螺旋线 / 涡状线"命令，在"螺旋线 / 涡状线"属性管理器的"定义方式"中选择"螺距和圈数"，设置"螺距"为 120mm，设置"圈数"为 0.325，设置"起始角度"为 0°，选择"逆时针"，其余选项默认，螺旋线 1 参数如图 7-1-6 所示。单击"确定"按钮，插入螺旋线 1，然后退出草图绘制。

（2）用同样方法绘制另一条螺旋线，其中圆直径为 420mm，螺旋线的"螺距"为 100mm，其他参数与上面步骤中的参数一致，螺旋线 2 参数如图 7-1-7 所示。单击"确定"按钮，插入螺旋线 2，然后退出草图绘制。

图 7-1-6　螺旋线 1 参数

图 7-1-7　螺旋线 2 参数

（3）利用插入的两条螺旋线来创建放样曲面，执行"插入"→"曲面"→"放样曲面"命令，选择刚刚绘制的螺旋线 1 和螺旋线 2 为"轮廓"进行放样，完成放样曲面的创建，放样曲面如图 7-1-8 所示。

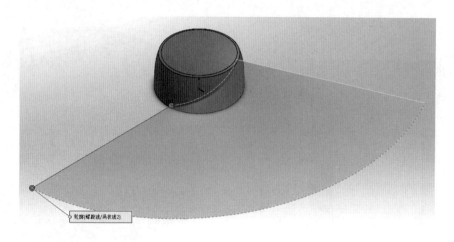

图 7-1-8　放样曲面

3. 删除外侧曲面

1）分割曲面

（1）单击"上视基准面"，执行"特征"→"参考几何体"→"基准面"命令，选择"等距平面"，设置"等距量"为 80mm，新建与上视基准面平行方向上的基准面，单击"确定"按钮，完成基准面 1 的创建。

（2）单击"基准面 1"，在弹出的关联菜单中单击"草图绘制"按钮，进入草图绘制。以原点为圆心，分别绘制半径为 33mm 和半径为 200mm 的两个圆，然后绘制两条样条曲线，使样条曲线与小圆相交，与大圆的圆弧线相切，单击"剪裁实体"按钮剪裁多余线段，形成一个风扇叶片形状 1，如图 7-1-9 所示，退出草图绘制。

（3）执行"插入"→"曲线"→"分割线"，在"分割线"属性管理器"分割类型"中选择"投影"，然后选择刚绘制好的风扇叶片草图作为要投影的草图，选择放样曲面作为要投影的面，其余选项默认，单击"确定"按钮形成分割线，把曲面分割成两部分。这时选择曲面会发现，分割线外和分割线内的面需要分别选择，这就代表曲面已经被分割成功了。

2）删除曲面

右击分割线外的多余曲面，执行"插入"→"面"→"删除"命令，将多余的外侧曲面删除，得到风扇叶片形状 2，如图 7-1-10 所示。

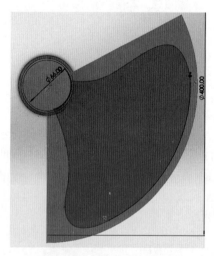

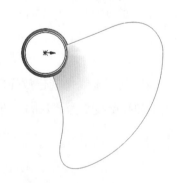

图 7-1-9　风扇叶片形状　　　　　图 7-1-10　风扇叶片形状 2

4. 加厚阵列叶片

1）修改叶片根部形状

在设计树中单击"螺旋线 / 涡状线 1"，在弹出的关联菜单中单击"编辑特征"，将螺距由 120mm 改为 100mm，单击"确定"按钮后，软件自动修改放样曲面修改前后的放样曲面位置对比如图 7-1-11 所示。

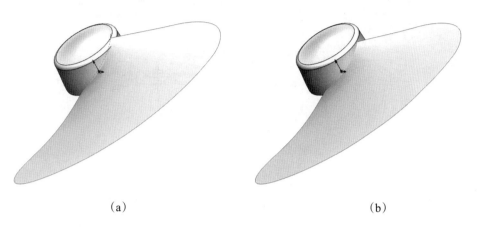

图 7-1-11　修改前后的放样曲面位置对比

（a）修改前；（b）修改后

2）将曲面转换为等厚实体

在设计树中单击"曲面 - 放样 1"，执行"插入"→"凸台 / 基体"→"加厚"命令，设置"厚度"为 2mm，选择"加厚侧边 2"，勾选"合并结果"，让曲面和旋转的实体合并为一个实体，得到实体特征"加厚 1"，单击"确定"按钮完成等厚实体的转换。

3）圆周阵列叶片

（1）单击"观阅临时轴"来显示实体中的的中心临时轴，作为圆周阵列时的旋转轴用重复单击"观阅临时轴"则不显示所有临时轴。

（2）执行"特征"→"线性阵列"→"圆周阵列"命令，选择"加厚 1"作为要阵列的特征，选择在实体中显示出来的中心临时轴作为阵列轴；设置"角度"为 360°，设置"实例数"为 3，选择"等间距"，其余选项默认，单击"确定"按钮，阵列出 3 个等分叶片，阵列后的叶片如图 7-1-12 所示。

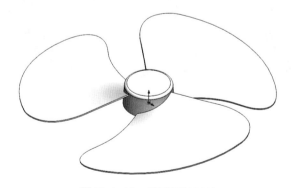

图 7-1-12　阵列后的叶片

5. 创建加强筋

（1）选择"右视基准面"，单击弹出的关联菜单中的"草图绘制"按钮，进入草图绘制，利用"直线"命令绘制连接旋转叶架的内壁两侧轮廓线，标注直线与下端面的距离为 3mm，得到如图 7-1-13 所示的加强筋草图，退出草图绘制。

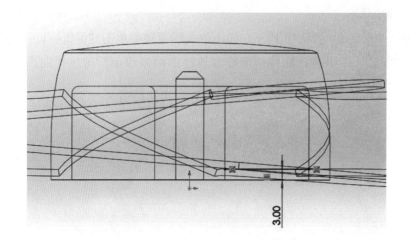

图 7-1-13　加强筋草图

（2）选择刚绘制的加强筋草图，执行"特征"→"筋"命令，在"筋 1"属性管理器中设置"筋厚度"为 3mm，选择"两侧"；设置"拉伸方向"为"平行于草图"，勾选"反转材料方向"让筋的生长方向往内壁里面，其余选项默认，单击"确定"按钮，完成筋的拉伸，得到加强筋如图 7-1-14 所示。

6. 圆周阵列加强筋

执行"特征"→"线性阵列"→"圆周阵列"命令，选择"筋 1"作为要阵列的特征，选择在实体中显示出来的中心临时轴作为阵列轴，设置"角度"为 360°，设置"实例数"为 6，选择"等间距"，其余选项默认，单击"确定"按钮阵列出 6 个等分加强筋，阵列后的加强筋如图 7-1-15 所示。至此，完成风扇叶曲面建模。

风扇叶曲面建模演示视频

图 7-1-14　加强筋

图 7-1-15　阵列后的加强筋

任务 7.2　装饰灯台建模

任务描述

利用 SolidWorks 2020 建立如图 7-2-1 所示的装饰灯台模型。此装饰灯台造型唯美，极富张力和对称感，其建模成功关键在于曲线线条的建模，所以，掌握由两条曲线创建交叉曲线是本任务的重点。

装饰灯台建模项目文件

图 7-2-1　装饰灯台模型

子任务 7.2.1　建模思路分析

通过分析图 7-2-1 可知，该装饰灯台由三部分组成，上下两部分为旋转支撑台面，用旋转实体命令可完成；中间是一个由一空间曲线作为扫描路径、以圆形为截面扫描而成的实体，而扫描路径是由两个参考曲面交叉形成的曲线。建立装饰灯台模型的主要思路：①创建一个旋转实体作为底座；②创建并旋转曲面，曲面外形由样条曲线旋转而成，样条曲线关于自身中心对称；③扫描螺旋曲面；④利用旋转曲面和扫描曲面形成的交叉曲线为扫描路径扫描出螺旋实体；⑤利用临时轴和扫描实体圆周阵列出 6 个等分造型；⑥创建一个旋转实体作为顶面。

子任务 7.2.2　建模操作步骤

1. 创建底座

（1）新建一个零件，单击"右视基准面"，在弹出的关联菜单中单击"正视于"按钮，单击"草图绘制"按钮，进入草图绘制。

（2）利用"草图"工具栏中的"中心线""直线""圆弧""智能尺寸"工具，绘制草图并标注尺寸，得到如图 7-2-2 所示的底座草图。注意使旋转后的平面与原点平齐，草图中的尺寸 19mm、6.25mm、127mm 均为直径。确认草图后，旋转完成底座的建模。

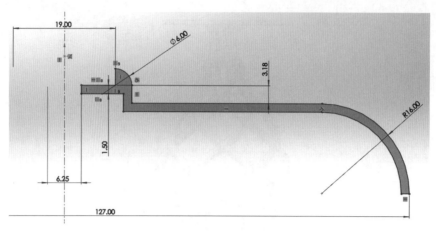

图 7-2-2　底座草图

2. 创建并旋转曲面

（1）在设计树中单击刚才创建好的底座，在弹出的关联菜单中单击"隐藏"按钮。

（2）选择"前视基准面"，单击"中心线"按钮，绘制如图 7-2-3 所示的 6 条中心线作为参考线，其中过原点的中心线为旋转中心轴，竖直中心线长度全部为 200mm，水平对齐，横向中心线过旋转中心轴的中点，水平放置，作为样条曲线的对称轴。

（3）单击"样条曲线"按钮，绘制如图 7-2-4 所示的样条曲线，样条曲线的起点和终点都在左边第二根竖直中心线上，并与最右边的中心线相切，定义样条曲线与中心线的交点关于水平中心线对称。

（4）标注尺寸，并选择样条曲线顶部的端点控标（箭头），添加一个"竖直"几何关系，对曲线底部的端点进行同样操作，形成图 7-2-5 所示的样条曲线最终形状，退出草图绘制。

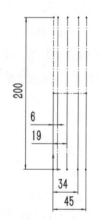
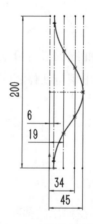
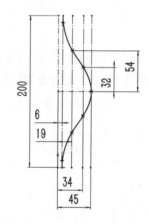

图 7-2-3　中心线　　　　　图 7-2-4　绘制样条曲线　　　　　图 7-2-5　样条曲线最终形状

（5）选择刚创建好的样条曲线，选择过原点的竖直中心线为旋转轴旋转曲面。

3. 扫描螺旋曲面

1）定义扫描路径

选择"前视基准面"作为绘制草图的基准面，显示旋转曲面中用到的草图。选择过原点的竖直中心线，执行"草图"→"转换实体引用"命令，完成草图转换实体引用，退出草图绘制。

2）绘制扫描轮廓

在上视基准面上新建草图，从扫描路径底部端点开始绘制一条水平直线，扫描轮廓尺寸如图 7-2-6 所示，完成扫描轮廓绘制，退出草图绘制。

3）扫描曲面

执行"曲面"→"扫描曲面"命令，分别选择扫描轮廓和扫描路径，按照图 7-2-7 所示的螺旋扫描参数进行相应设置，在"扭转控制"选择"沿路径扭转"命令，"定义方式"选择"旋转"，设置旋转的角度为 1°。此处不用引导线就可以实现螺旋扫描曲面，螺旋扫描曲面的效果如图 7-2-8 所示。

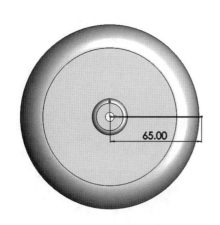

图 7-2-6　扫描轮廓尺寸　　　　图 7-2-7　螺旋扫描参数　　　图 7-2-8　螺旋扫描曲面的效果

4. 扫描螺旋实体

1）形成交叉曲线

按住"Ctrl"键选择旋转曲面和扫描曲面，执行"工具"→"草图工具"→"交叉曲线"命令，单击"确定"按钮，生成交叉曲线。该操作将使用两个曲面的交线生成一个 3D 草图，并自动进入"编辑草图"模式，单击"退出草图"按钮退出草图绘制，生成 3D 草图。

2）实体扫描

（1）按住"Ctrl"键选择交叉曲线下方的端点和曲线本身，执行"插入"→"参考几何体"→"基准面"命令，创建基准面 1，如图 7-2-9 所示。

（2）在"基准面 1"上新建草图，以曲线端点为圆心，绘制一个直径为 6mm 的圆，生成圆形草图。

（3）选择 3D 草图和圆形草图，执行"曲面"→"扫描曲面"命令，生成扫描螺旋实体，如图 7-2-10 所示。

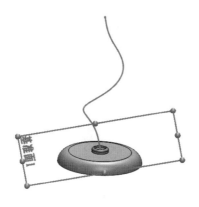

图 7-2-9　基准面 1　　　　　　　图 7-2-10　扫描螺旋实体

5. 阵列造型

（1）将旋转曲面和扫描曲面进行隐藏，将底座显示出来。

（2）创建一个圆周阵列，等间距复制 6 个扫描体，得到如图 7-2-11 所示的圆周阵列实体。阵列中所需的阵列轴可通过"观阅临时轴"来显示，选择过原点的竖直中心轴为阵列轴。

6. 创建顶面

在前视基准面上新建一个草图，利用"草图"工具栏中的"中心线""直线""圆弧""智能尺寸"工具绘制如图 7-2-12 所示的顶面草图并标注尺寸。其中尺寸 202mm 为底座上表面至顶面下表面的距离，草图中尺寸 19mm、80mm 均为直径。确认草图后旋转完成顶面的建模，至此，建模完毕。

装饰灯台建模演示视频

图 7-2-11　圆周阵列实体

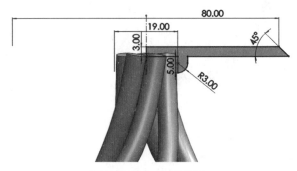

图 7-2-12　顶面草图

任务 7.3　可乐瓶建模

任务描述

利用 SolidWorks 2020 建立如图 7-3-1 所示的可乐瓶模型。可乐瓶的建模步骤较多，需要多次使用曲面切除，才能将一个简单形状的瓶子设计成具有美感的符合人机工程学特征的工艺品。

可乐瓶建模项目文件

图 7-3-1　可乐瓶模型

子任务 7.3.1　建模思路分析

通过分析图 7-3-1 可知，瓶身应利用旋转方式生成；瓶身凹面要先做出曲面，再利用曲面切除实体；瓶底应先旋转切除大圆底，再利用扫描切除和阵列切除五角星；然后抽壳形成空瓶，最后拉伸瓶盖支撑凸台和扫描螺纹线。可乐瓶建模的具体思路：①建立一个草图并旋转曲面作瓶身，然后上色；②利用投影曲线和 3D 曲线确定瓶身的花纹；③利用曲面填充和使用曲面切除形成表面凹面；④阵列出 4 个等分凹面并做轮廓圆角；⑤旋转切除底面；⑥绘制截面形状并进行扫描切除；⑦阵列扫描切除形成五角星，并作圆角；⑧选择顶面抽壳，形成空瓶；⑨创建可乐瓶口凸台；⑩扫描瓶口螺旋线。

子任务 7.3.2　建模操作步骤

1. 创建瓶身和上色

1）创建瓶身

选择"前视基准面"，执行"特征"→"旋转凸台 / 基体"命令，进行截面草图的绘制。草图从原点出发，依次绘制水平直线、圆弧、样条曲线、直线、样条曲线、竖线、水平直线和竖线，回到原点，然后倒圆角 R6.5，并标注尺寸，得到如图 7-3-2 所示的可乐瓶旋转草图。如果样条曲线变形，可以在标注尺寸完成后删除样条曲线重新画，要注意控制样条曲线的切线方向，因为其决定了可乐瓶的外形。除了标注高度尺寸为 77mm 的样条曲线下端点与直线不相切，其余样条曲线与直线相连点都相切。确认草图后，旋转完成瓶身的建模。

2）给瓶身上色

执行"工具"→"选项"命令，在弹出的对话框中选择"文档属性"标签，选择"模型显示"，在"模型 / 特征颜色"中选择"上色"，然后单击"编辑"来更改此模型显示的颜色，设置红为 0、蓝为 192、绿为 0 后，单击"确定"按钮，完成瓶身上色。

2. 创建投影曲线和 3D 曲线

1）创建投影曲线

选择"前视基准面"，进入草图绘制，绘制一条有 5 个控制点的样条曲线，然后执行"工具"→"草图工具"→"分割实体"命令，分别单击曲线最高处和最低处，把曲线分割成两段，并标注尺寸，形成如图 7-3-3 所示的投影曲线草图，然后退出草图绘制。然后执行"插入"→"曲线"→"投影曲线"命令，在"投影曲线"属性管理器"投影类型"选择"面上草图"，"要投影的一些草图"选择刚绘制的投影曲线草图，"投影面"选择投影曲线所在的曲面，单击"确定"按钮，完成投影曲线的创建。

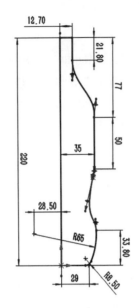

图 7-3-2 可乐瓶旋转草图

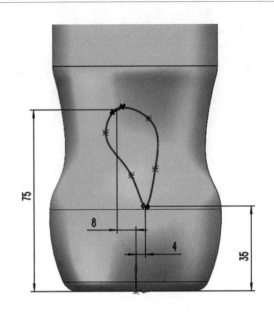

图 7-3-3 投影曲线草图

2）创建 3D 曲线

选择"右视基准面"，绘制一个点并标注尺寸，如图 7-3-4 所示，然后退出草图绘制。执行"插入"→"3D 草图"命令，在与图 7-3-3 所画的两个分割点重合的地方绘制两个点，单击"确定"按钮，完成 3D 草图 1 的绘制，连成曲线。再次执行"插入"→"3D 草图"命令，绘制一条样条曲线从高到低连接三个点，得到另一条曲线，单击"确定"按钮，完成 3D 草图 2 的绘制，如图 7-3-5 所示。

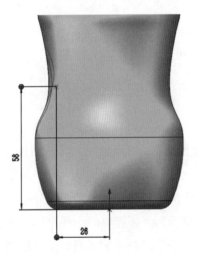

图 7-3-4 绘制一个点并标注尺寸

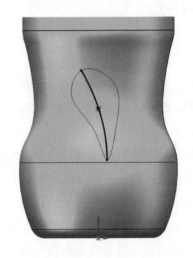

图 7-3-5 3D 草图 2

3. 创建曲面填充和使用曲面切除

1）创建曲面填充

执行"插入"→"曲面"→"填充"命令，系统弹出"填充曲面"属性管理器，选择上面步骤绘制的投影曲线和 3D 草图 2 的曲线作为曲面的修补边界，其余选项默认，单击"确定"按钮完成曲面填充的创建，如图 7-3-6 所示。

2）创建使用曲面切除

执行"插入"→"切除"→"使用曲面"命令，弹出"使用曲面切除"属性管理器，在设计树中选择刚才创建的曲面填充作为要进行切除的曲面，在"曲面切除参数"下选择"反转切除"来定义切除方向，最后单击"确定"按钮，完成使用曲面切除的创建，如图 7-3-7 所示。

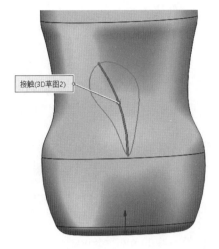
图 7-3-6　曲面填充

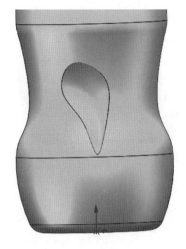
图 7-3-7　使用曲面切除

4. 圆角阵列和倒圆角

1）圆周阵列

执行"插入"→"阵列/镜向"→"圆周阵列"命令，弹出"圆周阵列"属性管理器，选择使用曲面切除为要阵列的特征，选择旋转凸台特征的临时轴为圆周阵列轴，在"参数"中设置"角度"为 360°，设置"实例数"为 4，勾选"等间距"，其余选项默认，最后单击"确定"按钮，完成圆周阵列，圆周阵列曲面形状如图 7-3-8 所示。

2）倒圆角

选择要倒圆角的边线，如图 7-3-9 所示，设置"圆角半径"为 5mm，完成圆角 1 的创建。

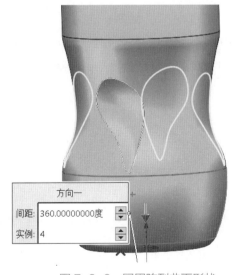
图 7-3-8　圆周阵列曲面形状

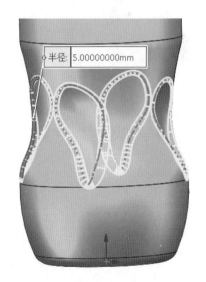
图 7-3-9　选择要倒圆角的边线

5. 旋转切除底面

（1）选择"前视基准面"，绘制如图 7-3-10 的旋转切除横截面草图，采用草图中绘制的中心线作为旋转轴线，执行"特征"→"旋转切除"命令，在"方向 1"中设置"角度"为 360°，旋转切除整个底面。

（2）在底面选择要圆角的边线，如图 7-3-11 所示，设置"圆角半径"为 5mm，完成圆角 2 的创建。

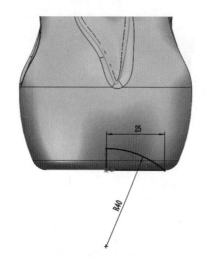

图 7-3-10　旋转切除横截面草图

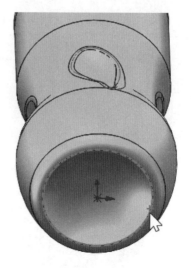

图 7-3-11　在底面选择要圆角的边线

6. 绘制截面形状并进行扫描切除

1）创建扫描路径

选择"前视基准面"，进入草图绘制，绘制一段圆弧并标注尺寸，圆弧左起点与圆心竖直对齐，右端点与底面重合，扫描路径如图 7-3-12 所示，然后退出草图绘制。

2）绘制扫描截面

（1）执行"插入"→"参考几何体"→"基准面"命令，选择扫描路径和扫描路径的右侧端点作为参考实体，单击"确定"按钮，完成如图 7-3-13 所示的基准面 1 的创建。

（2）选择"基准面 1"，绘制一个直径为 4mm 的圆形，得到如图 7-3-14 所示的扫描截面，使扫描截面的圆心与扫描路径的圆心的右端点重合，退出草图绘制。

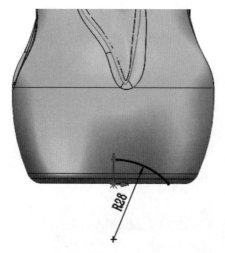

图 7-3-12　扫描路径

图 7-3-13　基准面 1

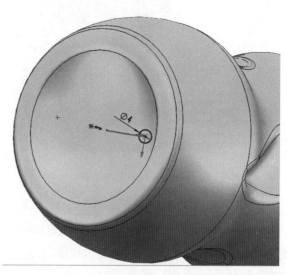

图 7-3-14　扫描截面

3）扫描切除

执行"插入"→"切除"→"扫描"命令，选择扫描截面作为扫描特征的轮廓，再选择扫描路径作为扫描特征的路径，其余选项默认，单击"确定"按钮生成切除扫描后的截面形状，如图 7-3-15 所示。

7. 切除五解星并圆角

（1）执行"插入"→"阵列 / 镜向"→"圆周阵列"命令，选择切除扫描后的截面形状作为要阵列的特征，选择旋转凸台特征的临时轴为圆周阵列轴，在"参数"中设置"角度"为 360°，设置"实例数"为 5，勾选"等间距"，其余选项默认，最后单击"确定"按钮，形成五角星，如图 7-3-16 所示。

（2）选择如图 7-3-16 所示的五条边线为圆角对象，设置"圆角半径"为 4mm，完成圆角 3 的创建。

（3）选择如图 7-3-17 所示五角星外围边线为圆角对象，设置"圆角半径"为 2mm，完成倒圆角 4 的创建。

图 7-3-15　切除扫描后的截面形状　　图 7-3-16　五角星　　图 7-3-17　选择五角星外围边线

8. 抽壳

执行"插入"→"特征"→"抽壳"命令，选择可乐瓶的顶面作为抽壳要移除的面，定义壁厚为 0.5mm，单击"确定"按钮，完成抽壳的创建，形成空可乐瓶。

9. 创建可乐瓶口凸台

以顶面作为绘制草图的基准面，绘制一个直径为 33mm 的圆形，得到可乐瓶口凸台草图，如图 7-3-18 所示。执行"特征"→"拉伸凸台 / 基体"命令，选择刚绘制的圆形为拉伸对象，在"凸台 - 拉伸"属性管理器中选择"等距"，设置"等距值"为 15.3mm，并单击"反向"按钮使等距方向往下，在"方向 1"中选择"给定深度"，设置"深度"为 1.8mm，其余选项默认，保证拉伸方向朝上，单击"确定"按钮，完成可乐瓶口凸台的创建，如图 7-3-19 所示。

图 7-3-18　可乐瓶口凸台草图　　　　图 7-3-19　可乐瓶口凸台

10. 扫描瓶口螺旋线

1）新建基准面 2

执行"插入"→"参考几何体"→"基准面"命令，选择刚拉伸的可乐瓶口凸台上表面作为第一参考，设置"偏移距离"为 0.8mm，单击"确定"按钮，完成基准面 2 的创建，基准面 2 如图 7-3-20 所示。

2）创建螺旋线

（1）选择基准面 2 为绘制草图的基准面，绘制如图 7-3-21 所示的螺旋线草图，选择瓶口实体外边线，单击"转换实体引用"按钮进行转换实体引用，即可创建螺旋线，然后退出草图绘制。

图 7-3-20　基准面 2　　　　　　　　图 7-3-21　螺旋线草图

（2）执行"插入"→"曲线"→"螺旋线 / 涡状线"命令，选择螺旋线草图作为螺旋线的横截面，在弹出的"螺旋线 / 涡状线"属性管理器"定义方式"中选择"螺距和圈数"，在"参数"中选择"恒定螺距"，设置"螺距"为 4mm，设置"圈数"为 2.5，设置"起始角度"为 0°，选择"顺时针"，单击"确定"按钮，完成瓶口螺旋线的创建。

3）绘制截面

选择右视基准面作为绘制草图的基准面，在螺旋线起点处绘制一个梯形作为螺旋线截面形状并标注尺寸，如图 7-3-22 所示。

4）扫描瓶口螺旋线

执行"特征"→"扫描"命令，依次选择刚绘制的螺旋线截面和螺旋线进行扫描，生成瓶口螺旋线，见图 7-3-23 所示。至此，建模完毕。

可乐瓶建模演示视频

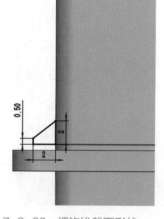 

图 7-3-22　螺旋线截面形状　　　　　　　图 7-3-23　瓶口螺旋线

任务 7.4　企鹅公仔建模

任务描述

利用 SolidWorks 2020 建立如图 7-4-1 所示的企鹅公仔模型。此任务由多个独立曲面按照上下左右顺序逐步建模而成，通过剪裁多余曲面、缝合相应曲面而形成一个单一、封闭的曲面体，最后加厚形成实体。

企鹅公仔建模项目文件

图 7-4-1　企鹅公仔模型

子任务 7.4.1　建模思路分析

企鹅公仔建模是一个简单的曲面建模案例，通过这个案例能初步了解曲面建模的基本思路和主要工具。企鹅公仔建模主要思路：①利用旋转曲面制作企鹅公仔的身体部分；②利用放样曲面制作企鹅公仔的手部；③利用旋转曲面制作企鹅公仔的脚部；④利用放样曲面制作企鹅公仔的嘴；⑤利用旋转和拉伸曲面制作企鹅公仔的围巾；⑥利用分割线制作企鹅公仔的眼睛。

子任务 7.4.2　建模操作步骤

1. 制作企鹅公仔的身体部分

（1）单击"前视基准面"，在弹出的关联菜单中单击"草图绘制"按钮，进入草图绘制。绘制如图 7-4-2 所示身体部分草图，绘制完成单击"退出草图"按钮，退出草图绘制。

（2）执行"曲面"→"旋转曲面"命令，在"曲面－旋转"属性管理器中选择身体部分草图的中心线作为旋转轴，其他选项默认，单击"确定"按钮，生成实体基座，即得身体部分实体模型，如图7-4-3所示。

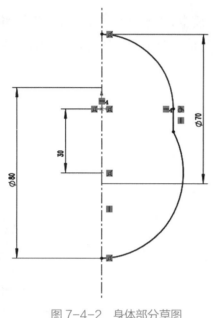

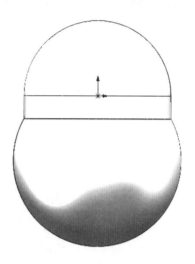

图 7-4-2　身体部分草图　　　　　　　　图 7-4-3　身体部分实体模型

2. 制作企鹅公仔的手部

（1）单击"右视基准面"，执行"特征"→"参考几何体"→"基准面"命令，在弹出的"基准面"属性管理器中已经默认选择以右视基准面作为第一参考，插入与之平行的基准面，设置"偏移距离"为30mm，其他选项默认，"基准面"属性管理器设置如图7-4-4（a）所示，单击"确定"按钮，插入基准面1，如图7-4-4（b）所示。

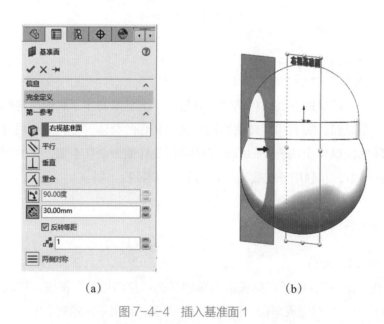

（a）　　　　　　　　　　　（b）

图 7-4-4　插入基准面 1

（a）"基准面"属性管理器设置；（b）插入基准面 1

（2）单击"基准面 1"，在弹出的关联菜单中单击"草图绘制"按钮，进入草图绘制，绘制如图 7-4-5 所示的椭圆草图。

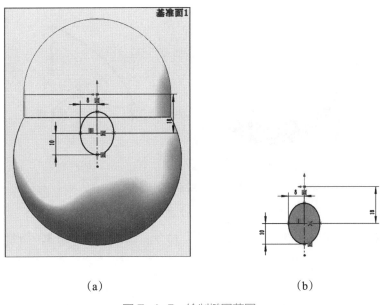

(a)　　　　　　　　　　　　　　　　(b)

图 7-4-5　绘制椭圆草图

（a）椭圆草图；（b）椭圆草图细节

（3）单击"前视基准面"，在弹出的关联菜单中单击"草图绘制"按钮，进入草图绘制，绘制曲线草图 1，如图 7-4-6 所示。

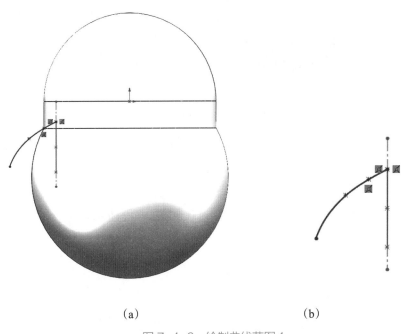

(a)　　　　　　　　　　　　　　　　(b)

图 7-4-6　绘制曲线草图 1

（a）曲线草图 1；（b）曲线草图 1 细节

（4）单击"前视基准面"，在弹出的关联菜单中单击"草图绘制"按钮，进入草图绘制，绘制曲线草图 2，如图 7-4-7 所示。

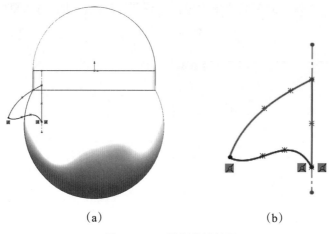

(a)　　　　　　　　　　(b)

图 7-4-7　绘制曲线草图 2

(a) 曲线草图 2;(b) 曲线草图 2 细节

（5）执行"草图"→"草图绘制"→"3D 草图"命令，绘制曲线草图 3，如图 7-4-8 所示。

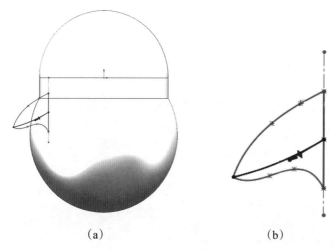

(a)　　　　　　　　　　(b)

图 7-4-8　绘制曲线草图 3

(a) 曲线草图 3;(b) 曲线草图 3 细节

（6）执行"插入"→"曲面"→"放样曲面"命令，在"曲面－放样"属性管理器中选择曲线草图 1、曲线草图 2、曲线草图 3，在"引导线"中选择椭圆草图，勾选"闭合放样"，其他选项默认。单击"确定"按钮，生成实体基座，即得手部模型，手部放样过程如图 7-4-9 所示。

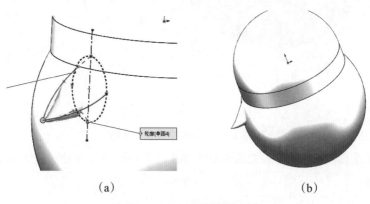

(a)　　　　　　　　　　(b)

图 7-4-9　手部放样过程

(a) 手部放样编辑状态;(b) 手部放样模型

3. 制作企鹅公仔脚部

（1）单击"前视基准面"，在弹出的关联菜单中单击"草图绘制"按钮，进入草图绘制，绘制曲线草图 4，如图 7-4-10 所示。

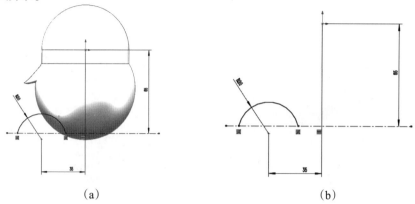

（a）　　　　　　　　　　　　　（b）

图 7-4-10　绘制曲线草图 4

（a）曲线草图 4；（b）曲线草图 4 细节

（2）执行"曲面"→"旋转曲面"命令，在"曲面 – 旋转"属性管理器中选择曲线草图 4 的中心线，其他选项默认。单击"确定"按钮，生成实体基座，即得脚部模型 1，脚部旋转过程如图 7-4-11 所示。

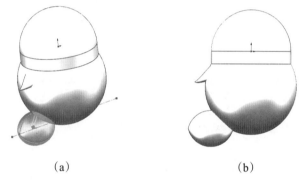

（a）　　　　　　　　　　　　　（b）

图 7-4-11　脚部旋转过程

（a）脚部旋转编辑状态；（b）脚部模型 1

（3）执行"插入"→"特征"→"移动/复复"命令，选择脚部模型 1 作为要移动/复制的实体，"移动/复制实体"属性管理器设置如图 7-4-12（a）所示，脚部旋转移动编辑状态如图 7-4-12（b）所示，单击"确定"按钮，生成实体基座，即得脚部模型 2，如图 7-4-12（c）所示。

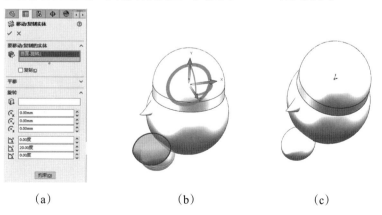

（a）　　　　　　　（b）　　　　　　　（c）

图 7-4-12　脚部旋转移动过程

（a）"移动/复制实体"属性管理器设置；（b）脚部旋转移动编辑状态；（c）脚部模型 2

（4）单击"上视基准面"，在弹出的关联菜单中单击"草图绘制"按钮，进入草图绘制。绘制剪裁草图 1，如图 7-4-13 所示。

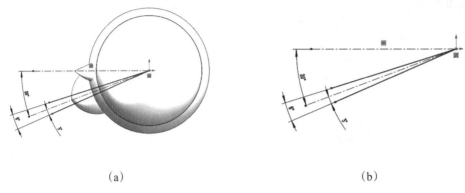

(a)   (b)

图 7-4-13　绘制剪裁草图 1

(a) 剪裁草图 1；(b) 剪裁草图 1 细节

（5）执行"曲面"→"剪裁曲面"命令，在"剪裁曲面"属性管理器中选择剪裁草图 1 作为剪裁工具，选择"保留选择"，选择相应特征，其他选项默认。单击"确定"按钮，生成实体基座，即得脚部模型 3，脚部剪裁过程 1 如图 7-4-14 所示。

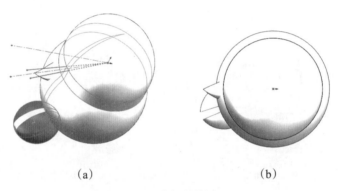

(a)   (b)

图 7-4-14　脚部剪裁过程 1

(a) 脚部剪裁编辑状态；(b) 脚部模型 3

（6）执行"插入"→"曲面"→"放样曲面"命令，在"曲面－放样"属性管理器中选择剪裁实体的两条边线作为轮廓，其他选项默认。单击"确定"按钮，生成实体基座，即得脚部模型 4，脚部放样过程如图 7-4-15 所示。

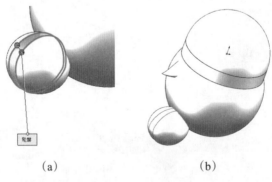

(a)   (b)

图 7-4-15　脚部放样过程

(a) 脚部放样编辑状态；(b) 脚部模型 4

（7）单击"前视基准面"，在弹出的关联菜单中单击"草图绘制"按钮，进入草图绘制。绘制剪裁草图 2，如图 7-4-16 所示。

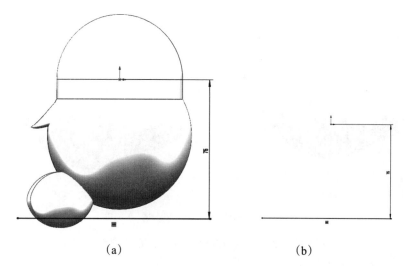

（a）　　　　　　　　　　（b）

图 7-4-16　绘制剪裁草图 2

（a）剪裁草图 2；（b）剪裁草图 2 细节

（8）执行"曲面"→"剪裁曲面"命令，在"剪裁曲面"属性管理器中选择剪裁草图 2 作为剪裁工具，选择"保留选择"，选择相应特征，其他选项默认。单击"确定"按钮，生成实体基座，即得脚部模型 5，脚部剪裁过程 2 如图 7-4-17 所示。

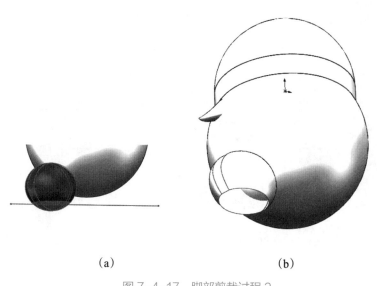

（a）　　　　　　　　　　（b）

图 7-4-17　脚部剪裁过程 2

（a）脚部剪裁编辑状态；（b）脚部模型 5

（9）执行"曲面"→"平面区域"命令，在"平面"属性管理器中选择刚剪裁后的脚部底面边线作为边界实体，其他选项默认。单击"确定"按钮，生成平面，得到脚部模型 6，脚部平面过程如图 7-4-18 所示。

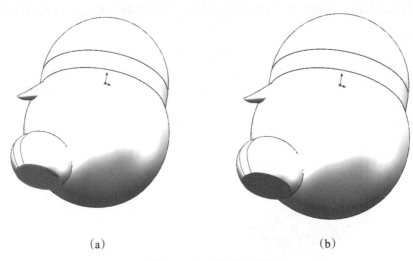

图 7-4-18　脚部平面过程

(a) 脚部平面区域编辑状态；(b) 脚部模型 6

4. 镜向企鹅公仔的手部和脚部

执行"特征"→"镜向"命令，在"镜向"属性管理器"镜向面 / 基准面"中选择右视基准面，选择手部及脚部作为要镜向的实体，其他选项默认，单击"确定"按钮，生成实体基座，即得企鹅公仔模型 1，手部及脚部镜向过程如图 7-4-19 所示。

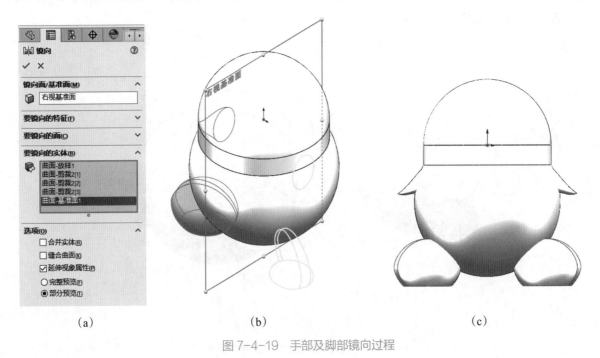

图 7-4-19　手部及脚部镜向过程

(a)"镜向"属性管理器；(b) 手部及脚部镜向编辑状态；(c) 企鹅公仔模型 1

5. 绘制企鹅公仔的嘴

（1）单击"前视基准面"，在弹出的关联菜单中单击"草图绘制"按钮，进入草图绘制，绘制嘴的椭圆部分草图，如图 7-4-20 所示。

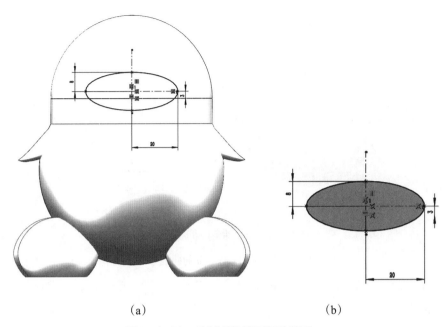

（a）　　　　　　　　　　（b）

图 7-4-20　绘制嘴的椭圆部分草图

（a）嘴的椭圆部分草图；（c）嘴的椭圆部分草图细节

（2）单击选择"前视基准面"，执行"特征"→"参考几何体"→"基准面"命令，在弹出的"基准面"属性管理器中已经默认以前视基准面作为第一参考，选择嘴的椭圆草图左右两个点分别为第二、第三参考，其余项目默认，单击"确定"按钮，插入基准面2，插入基准面2的过程如图 7-4-21 所示。

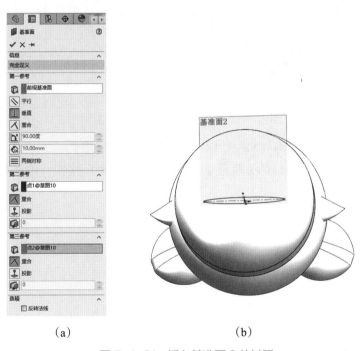

（a）　　　　　　　　　　（b）

图 7-4-21　插入基准面 2 的过程

（a）"基准面"属性管理器设置（d）完成基准面 2 插入

（3）单击"基准面 2"，在弹出的关联菜单中单击"草图绘制"按钮，进入草图绘制，绘制嘴的曲线草图 1，如图 7-4-22 所示。

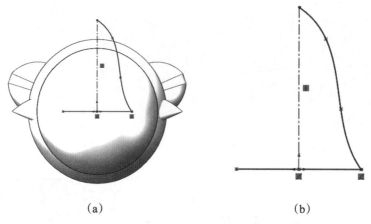

(a)   (b)

图 7-4-22 绘制嘴的曲线草图 1

(a) 嘴的曲线草图 1;(b) 嘴的曲线草图 1 细节

（4）单击"基准面 2"，在弹出的关联菜单中单击"草图绘制"按钮，进入草图绘制，绘制嘴的曲线草图 2，如图 7-4-23 所示。

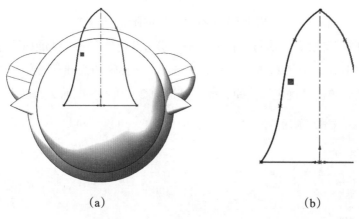

(a)   (b)

图 7-4-23 绘制嘴的曲线草图 2

(a) 嘴的曲线草图 2;(b) 嘴的曲线草图 2 细节

（5）单击"右视基准面"，在弹出的关联菜单中单击"草图绘制"按钮，进入草图绘制，绘制嘴的曲线草图 3，如图 7-4-24 所示。

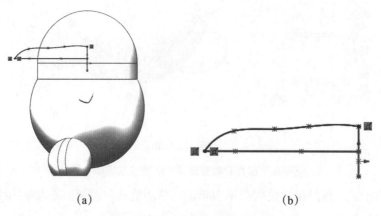

(a)   (b)

图 7-4-24 绘制嘴的曲线草图 3

(a) 嘴的曲线草图 3;(b) 嘴的曲线草图 3 细节

（6）单击"右视基准面"，在弹出的关联菜单中单击"草图绘制"按钮，进入草图绘制，绘制嘴的曲线草图 4，如图 7-4-25 所示。

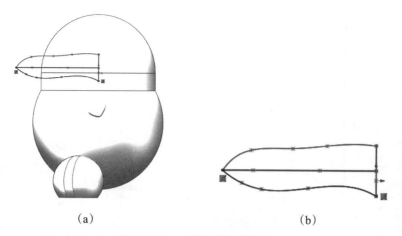

（a）　　　　　　　　　　　　　　　（b）

图 7-4-25　绘制嘴的曲线草图 4

（a）嘴的曲线草图 4；（b）嘴的曲线草图 4 细节

（7）执行"插入"→"曲面"→"放样曲面"命令，在"曲面 – 放样"属性管理器"轮廓"中选择刚才绘制好的 4 个嘴的曲线草图，选择嘴的椭圆部分草图作为引导线，其他选项默认，单击"确定"按钮，生成实体基座，即得企鹅公仔模型 2，嘴的放样曲面过程如图 7-4-26 所示。

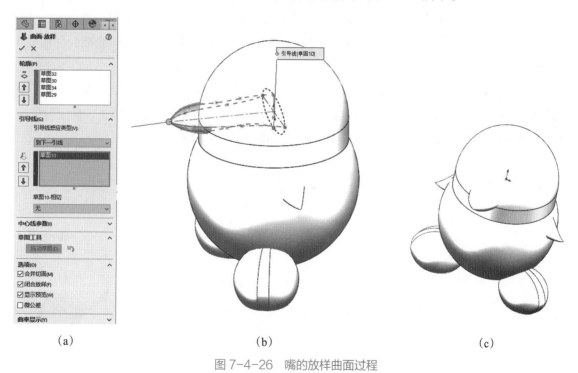

（a）　　　　　　　　　　　　（b）　　　　　　　　　　　　（c）

图 7-4-26　嘴的放样曲面过程

（a）放"曲面 – 放样"属性管理器；（b）嘴的放样曲面编辑状态；（c）企鹅公仔模型 2

（8）执行"插入"→"曲面"→"剪裁曲面"命令，在"剪裁曲面"属性管理器"剪裁类型"中选择相互，在"选择"下的"曲面"中选择企鹅公仔模型 2 曲面，选择"保留选择"，其他选项默认，单击"确定"按钮，生成实体基座，即得企鹅公仔模型 3，嘴的剪裁曲面过程如图 7-4-27 所示。

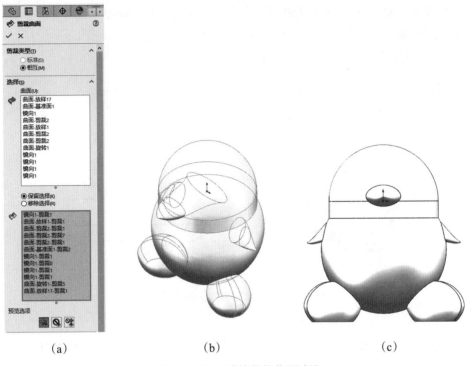

(a) (b) (c)

图 7-4-27　嘴的剪裁曲面过程

（a）"剪裁曲面"属性管理器；（b）嘴的剪裁曲面编辑状态；（c）企鹅公仔模型 3

（9）执行"插入"→"曲面"→"缝合曲面"命令，在"缝合曲面"属性管理器中选择曲面 - 剪裁 3、镜向 1、曲面 - 基准面 1，其他选项默认，单击"确定"按钮，生成实体基座，即得企鹅公仔模型 4，如图 7-4-28 所示。

（10）执行"插入"→"凸台 / 基体"→"加厚"命令，在"加厚"属性管理器"加厚参数"中选择刚才缝合好的曲面，选择"加厚侧边 2"，设置"厚度"为 1mm，其他选项默认，单击"确定"按钮，生成实体基座，即得企鹅公仔模型 5，企鹅公仔模型加厚过程如图 7-4-29 所示。

(a) (b)

图 7-4-28　企鹅公仔模型 4　　　　图 7-4-29　企鹅公仔模型加厚过程

（a）企鹅公仔模型加厚曲面编辑状态；（b）企鹅公仔模型 5

6. 制作企鹅公仔的围巾

（1）单击"前视基准面"，在弹出的关联菜单中单击"草图绘制"按钮，进入草图绘制，绘制围巾草图 1，如图 7-4-30 所示。

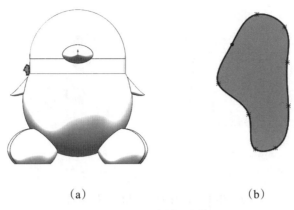

（a）　　　　　　　　　　　（b）

图 7-4-30　绘制围巾草图 1

（a）围巾草图 1；（b）围巾草图 1 细节

（2）执行"曲面"→"旋转曲面"命令，在"曲面－旋转"属性管理器中选择身体部分草图的中心线作为旋转轴，其他选项默认。单击"确定"按钮，生成实体基座，即得围巾模型 1，如图 7-4-31 所示。

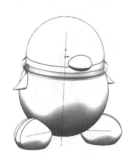

图 7-4-31　围巾模型 1

（3）单击"基准面 1"，执行"特征"→"参考几何体"→"基准面"命令，在弹出的"基准面"属性管理器中默认选择以基准面 1 作为第一参考，其余选项默认，单击"确定"按钮，插入基准面 3，插入基准面 3 的过程如图 7-4-32 所示。

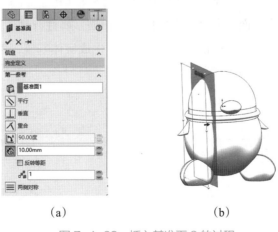

（a）　　　　　　　　　　　（b）

图 7-4-32　插入基准面 3 的过程

（a）"基准面"属性管理器；（b）插入基准面 3

（4）为了方便绘制草图，先单击"消除隐藏线"，然后单击"基准面 3"，在弹出的关联菜单中单击"草图绘制"按钮，进入草图绘制，绘制围巾草图 2，如图 7-4-33 所示。

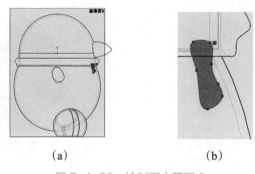

(a)　　　　　　　　　　(b)

图 7-4-33　绘制围巾草图 2

（a）围巾草图 2；（b）围巾草图 2 细节

（5）单击"上视基准面"，在弹出的关联菜单中单击"草图绘制"按钮，进入草图绘制，绘制围巾草图 3，如图 7-4-34 所示。

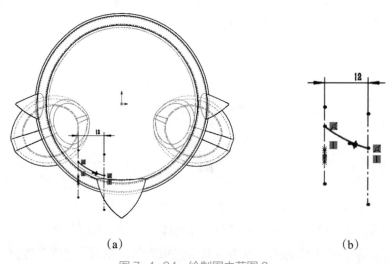

(a)　　　　　　　　　　(b)

图 7-4-34　绘制围巾草图 3

（a）围巾草图 3；（b）围巾草图 3 细节

（6）执行"曲面"→"扫描曲面"命令，在"曲面 – 扫描"属性管理器"轮廓和路径"中选择围巾草图 2 和围巾草图 3，其他选项默认。单击"确定"按钮，生成实体基座，然后单击"带边线上色"，即得企鹅公仔模型 5，围巾扫描曲面过程如图 7-4-35 所示。

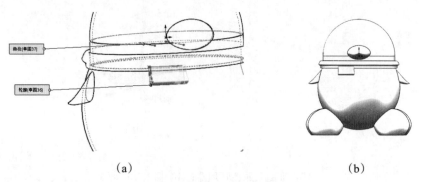

(a)　　　　　　　　　　(b)

图 7-4-35　围巾扫描曲面过程

（a）围巾扫描曲面编辑状态；（b）企鹅公仔模型 5

（7）执行"曲面"→"平面区域"命令，在"平面"属性管理器中选择围巾下垂部分左右两边的两条边线作为边界实体，其他选项默认。单击"确定"按钮，生成实体基座，即得企鹅公仔模型6，围巾平面区域过程如图7-4-36所示。

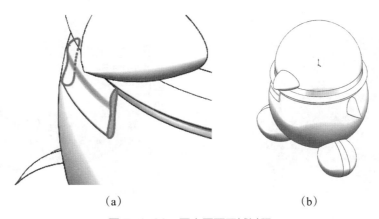

(a)　　　　　　　　　　　　　　(b)

图 7-4-36　围巾平面区域过程

(a) 围巾平面区域编辑状态；(b) 企鹅公仔模型6

（8）执行"插入"→"曲面"→"剪裁曲面"命令，在"剪裁曲面"属性管理器"剪裁类型"中选择相互，选择需要剪裁的曲面，其他选项默认，单击"确定"按钮生成实体基座，即得企鹅公仔模型7，围巾剪裁曲面过程如图7-4-37所示。

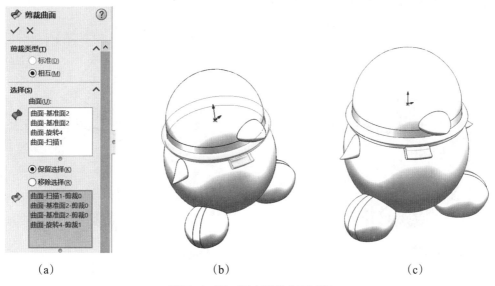

(a)　　　　　　　　　　　(b)　　　　　　　　　　　(c)

图 7-4-37　围巾剪裁曲面过程

(a)"剪裁曲面"属性管理器设置；(b) 围巾剪裁曲面编辑状态；(c) 企鹅公仔模型7

（9）执行"曲面"→"缝合曲面"命令，在"缝合曲面"属性管理器中选择刚剪裁的围巾曲面，其他选项默认，单击"确定"按钮，生成实体基座，即得企鹅公仔模型8，围巾缝合曲面过程如图7-4-38所示。

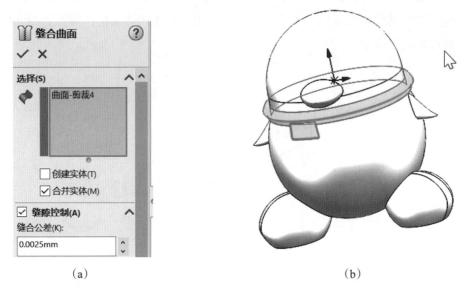

（a）　　　　　　　　　　　　　　（b）

图 7-4-38　围巾缝合曲面过程

（a）"缝合曲面"属性管理器设置；（b）围巾缝合曲面编辑状态

（10）执行"插入"→"凸台/基体"→"加厚"命令，在"加厚"属性管理器中选择刚缝合的围巾曲面，选择"加厚侧边 1"，设置"厚度"为 1mm，勾选"合并结果"，其他选项默认，单击"确定"按钮生成实体基座，即得企鹅公仔模型 9，围巾加厚过程如图 7-4-39 所示。

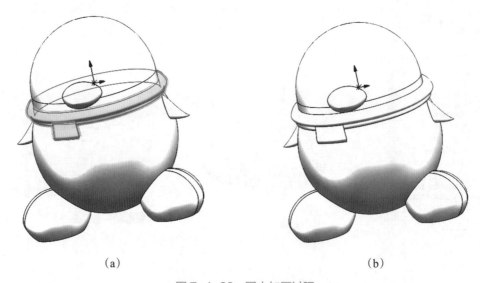

（a）　　　　　　　　　　　　　　（b）

图 7-4-39　围巾加厚过程

（a）围巾加厚曲面编辑状态；（b）企鹅公仔模型 9

7. 制作企鹅公仔的眼睛

（1）单击"前视基准面"，在弹出的关联菜单中单击"草图绘制"按钮，进入草图绘制，绘制眼睛草图，如图 7-4-40 所示。

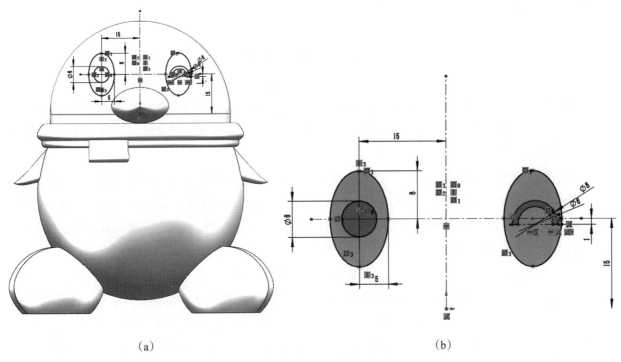

(a) (b)

图 7-4-40　绘制眼睛草图

(a) 眼睛草图；(b) 眼睛草图细节

（2）执行"插入"→"曲面"→"分割线"命令，在"分割线"属性管理器中选择眼睛和面 <1>，勾选"单向"和"反向"，其他选项默认，单击"确定"按钮，生成实体基座，插入分割线的过程如图 7-4-41 所示。至此，建模完毕。

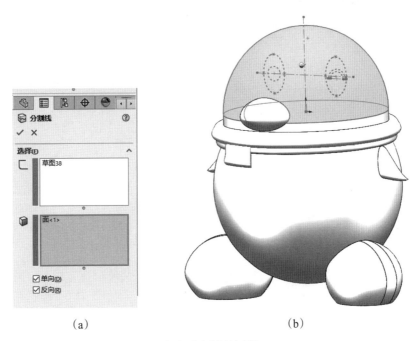

(a) (b)

图 7-4-41　插入分割线的过程

(a)"分割线"属性管理器；(b) 分割线编辑状态

拓展阅读

冯辉：20 年"拼"出精益求精

冯辉是中国航天科工集团第三研究院 239 厂总装中心装配工，工作 20 年，亲历、见证航天产品总装集成的发展变迁。总装，顾名思义就是总体装配，是产品集成的最后环节，是将各零散部件拼接在一起的关键步骤。如果用电脑举例，就是"攒机"——将常人眼中杂乱无章的螺钉螺帽、电缆线头合成性能完备的高科技产品。

在同一岗位深耕细作 20 年的冯辉，已经轮转过各道工序。其间，他自学了产品结构力学知识，掌握了螺钉螺帽铆合技巧；辅修了电路原理课程，熟稔敷设线缆方法，做到架设通电导线互不干扰。每当接到产品图纸的一刻，冯辉的脑海中总能程序化地生成产品三维立体模型，每个零部件自动找正位置，自然而然地搭建成为智能化产品。

对于装配环节轻车熟路的冯辉来说，最艰难的环节莫过于交付前的"多余物"检查。航天产品精密度高，装配完毕，产品体内不允许出现"多余物"。出厂检验，产品中哪怕有一颗不小心遗落的螺钉，也只能整体拆卸重新装配。"装起来容易拆下来难，二次装配会比第一次耗费更多时间精力"，提起这个，冯辉皱起了眉头："我们计算过，即使结构简单的产品上也会有 400 余个不同的螺钉，每个螺钉的直径、长度相差不过 1mm，几乎无法用肉眼辨别。"冯辉带领他的团队向外科医生借鉴经验，在"手术"前将 400 个螺钉分门别类，分层放在不同的格子里，每个产品的螺钉定额定量，形成单件配套物料盒。装配完成后，一旦发现少了一颗螺钉，就会重新检查当天的工作流程，因而有效地避免了"多余物"的产生。"装配次数多了，400 个钉凭手感就能辨别出来。"冯辉笑着说。

冯辉有着缜密的思维、坚韧的意志，成绩背后，是他孜孜不倦的深入思考和日复一日的精准手感，是对航天事业的热爱和无限忠诚。

（资料来源：央视网，有删改）

项目 8

其他设计

项目概述 >

模型创建后，通过对模型进行渲染，可以得到更逼真的模型效果图。本项目针对电灯泡和篮球进行模型渲染，营造出与实际相符的逼真效果。此外本项目还将介绍方形座架焊件建模和夹具动画的设计方法。

目标导航 >

知识目标

❶ 理解材料外观效果与光源的设置的关系。

❷ 了解光源参数、时间轴和动画帧的意义。

能力目标

❶ 掌握焊件的建模、机构动画设计的基本方法。

❷ 掌握焊接件骨架、焊接结构件、焊接特征等操作方法。

❸ 掌握布景和光源、图像和动画关键帧的设置的方法。

素养目标

培养精益求精的大国工匠精神。

任务 8.1 方形座架焊件建模

📑🔍 任务描述

利用 SolidWorks 2020 建立如图 8-1-1 所示的方形座架焊件模型。焊件的建模是以骨架线为核心，添加截面形状拉伸而成，再设定实体交界边的焊缝。

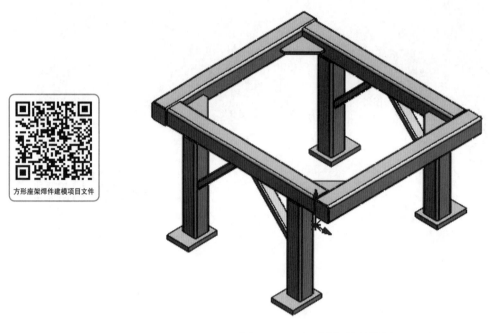

图 8-1-1　方形座架焊件模型

子任务 8.1.1　建模思路分析

焊件是由多个焊接在一起的零件组成的，尽管在材料明细表中把它保存为一个单独的零件，但实际上焊件是一个装配体。因此，应该把焊件作为多实体零件进行建模。该零件建模的主要思路：①绘制焊件的形状作为主体骨架；②添加各类结构构件；③添加角撑板增加强度，添加顶端盖封闭构件；④以下底面拉伸凸台做脚垫；⑤镜向支架和脚垫等；⑥选择相交的边线逐个添加焊缝，并设置焊缝属性；⑦设置焊件切割清单的各个属性；⑧新建工程图。

子任务 8.1.2　建模操作步骤

1. 绘制焊件的主体骨架

（1）执行"插入"→"焊件"→"焊件"命令，焊件特征会加入设计树中，代表目前所画零件为焊件，如果用户没有做这一步，那么在插入第一个结构构件时，系统会自动加入焊件特征。

（2）单击"上视基准面"，执行"插入"→"参考几何体"→"基准面"命令，选择等距平面，设置"偏移距离"为 500mm，单击"确定"按钮，生成"基准面 1"。选择"基准面 1"作为绘制草图的基准面，绘制如图 8-1-2 所示主体骨架草图 1 并标注尺寸，作为座架的上表面形状。

（3）单击"前视基准面"，执行"插入"→"参考几何体"→"基准面"命令，再选择草图 1 中的矩形前端点为参考实体，单击"确定"按钮，生成"基准面 2"。选择等距平面和设置"偏移距离"为 20mm，完成后得到"基准面 3"。

（4）选择"基准面 2"作为绘制草图的基准面，绘制如图 8-1-3 所示的主体骨架草图 2 作为座架的前面形状。

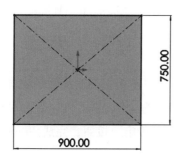

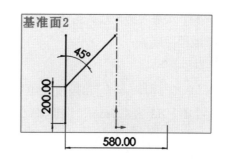

图 8-1-2　主体骨架草图 1　　　　　　　　图 8-1-3　主体骨架草图 2

2. 添加结构构件

1）添加水平支架

执行"插入"→"焊件"→"结构构件"命令，系统弹出"结构构件"属性管理器，"标准"选择 iso，"类型"选择方管，"大小"选择 $80 \times 80 \times 5$，在"组"中单击"新组"得到"组 1"，勾选"应用边角处理"，选择"终端对接 1"和"连接线段之间的简单切除"，"终端对接 1"是按构件选择线段的先后首长尾短相接，所以选择如图 8-1-4 所示的点，在弹出的"边角处理"对话框中修改该点对接方式为"终端对接 2"，单击"确定"按钮退出"边角处理"对话框。用同样的方法把该点的对角点也做同样处理，形成如图 8-1-5 所示的终端对接效果。

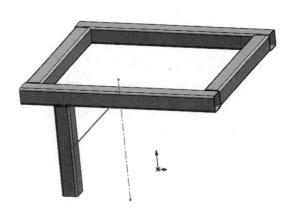

图 8-1-4　选择点　　　　　　　　　　图 8-1-5　终端对接效果

2）添加直立支架

由于座架的直立支架与顶面不在同一草图平面上，所以需要新建另一组同样型号的构件，选择主体骨架草图 2 里的竖直直线作为构件的路径线段，得到"组 2"，单击"确定"按钮，完成直立骨架的创建。

3）添加倾斜支架

执行"插入"→"焊件"→"结构构件"命令，在"结构构件"属性管理器"标准"中选择 iso，"类型"选择矩形管，"大小"选择 $50 \times 30 \times 2.6$，选择主体骨架草图 2 的斜线作为路径线段，单击"确定"按钮，完成倾斜支架的创建。

4）剪裁

执行"插入"→"焊件"→"剪裁 / 延伸"命令，在"边角类型"中选择"终端剪裁"，在"要剪裁的实体"中选择图 8-1-6 所示倾斜支架为要剪裁对象，在"剪裁边界"中选择"实体"，并选择如图 8-1-6

所示直立支架和水平支架为剪裁边界实体，单击"确定"按钮，完成结构构件的剪裁。

3.添加角撑板和顶端盖

1）插入角撑板

执行"插入"→"焊件"→"角撑板"命令，选择水平支架内侧相邻的两个面为支撑面，选择"多边形轮廓"，设置d1、d2为125mm，设置d3为25mm，设置a1为45°，"厚度"选择"两边"，"角撑板厚度"设置为10mm，"位置"选择"轮廓定位于中点"，单击"确定"按钮，完成角撑板的创建。

2）插入顶端盖

执行"插入"→"焊件"→"顶端盖"命令，选择如图8-1-7所示水平支架方管的4个端面为对象，"厚度方向"选择"向外"，"厚度"设为8mm，在"等距"中选择"使用厚度比率"，并设置"厚度比率"为0.5，再勾选"倒角边角"，并把"倒角距离"设为5mm，最后单击"确定"按钮，完成顶端盖的创建。

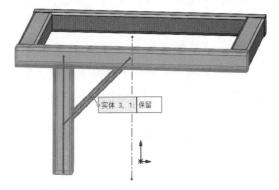

图 8-1-6　选择剪裁对象和剪裁边界实体

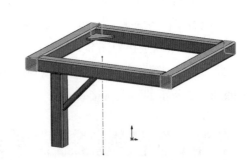

图 8-1-7　选择水平支架方管的 4 个端面

4.拉伸脚垫

执行"特征"→"拉伸凸台/基体"命令，选择直立支架下端面为绘制草图的基准面，绘制如图8-1-8所示的脚垫草图并标注尺寸，退出草图绘制，在"凸台－拉伸"属性管理器"方向1"中选择"给定深度"，并设置"深度"为20mm，单击"确定"按钮，得到脚垫模型。

5.镜向支架

（1）选择右视基准面为镜向基准面，执行"特征"→"镜向"命令，选择直立支架、倾斜支架、脚垫、角撑板为要镜向的特征，单击"确定"铵钮，完成镜向1的创建如图8-1-9所示。

（2）选择前视基准面为镜向基准面，执行"特征"→"镜向"命令，选择直立支架、倾斜支架、脚垫、角撑板以及刚镜向完成的对象为要镜向的特征，单击"确定"按钮，完成镜向2的创建，如图8-1-10所示。

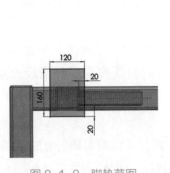

图 8-1-8　脚垫草图

图 8-1-9　镜向 1 的创建

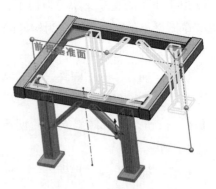

图 8-1-10　镜向 2 的创建

6. 添加焊缝

1）创建 4mm 填角焊接（8）

执行"插入"→"焊件"→"焊缝"命令，在"焊接几何体"中分别选择如图 8-1-11 所示的方管端面和相邻方管内侧面为"焊接起始点"和"焊接终止点"。设置"焊缝大小"为 4mm，并勾选"切线延伸"，完成焊接路径 1 的设置。焊缝每一个焊接路径只能设定一个环，不要退出该命令，单击"新焊接路径"，继续下一段的两个焊接面，选择好后便得焊接路径 2，一共按该方法执行 8 次。形成 8 个焊接路径，直到设定完如图 8-1-12 所示填角焊接和 8 段焊接路径。此时单击"确定"按钮，完成 4mm 填角焊接（8）的创建，其中数字 8 指的是有 8 段焊缝。

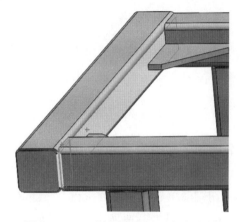

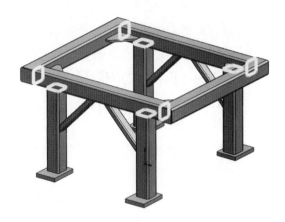

图 8-1-11　选择方管端面和相邻方管内侧面　　　　图 8-1-12　填角焊接 4mm 8 段焊接路径

2）创建 2mm 填角焊缝（8）

执行"插入"→"焊件"→"焊缝"命令，选择角撑板侧面为"焊接几何体"的"焊接起始点"，选择方法为右击该面，然后选择"选择其他"，便出现要选择的面；再选择相邻方管内侧面为"焊接终止点"，设置"焊缝大小"为 2mm，取消勾选"切线延伸"，选择"两边"，完成焊接路径 9 的设置。单击"新焊接路径"，按该方法分 7 次把完成其他焊接路径的设置，直到设置完如图 8-1-13 所示的填角焊缝2mm 8 段焊接路径。此时单击"确定"按钮，完成 2mm 填角焊接（8）的创建。

3）创建 1mm 填角焊缝（4）

执行"插入"→"焊件"→"焊缝"命令，选择方管外侧的 4 个端面来设置焊接路径，设置"焊缝大小"为 1mm，勾选"切线延伸"，并选择"两边"，设置如图 8-1-14 所示填角焊缝 1mm 4 段焊接路径，单击"确定"按钮，完成 1mm 填角焊接（4）的创建。

4）创建新的 4mm 填角焊缝（8）

执行"插入"→"焊件"→"焊缝"命令，选择 4 个倾斜支架的两侧端面来设置焊接路径，设置"焊缝大小"为 4mm，选择"全周"，设置如图 8-1-15 所示的填角焊缝 4mm 8 段焊接路径，单击"确定"按钮，此时会发现 4mm 填角焊接（8）变成了 4mm 填角焊接（16），这是因为刚创建的填角焊缝的参数与之前的 4mm 填角焊缝一致，所以两组加到一起变成 16。

 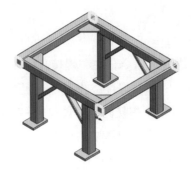 

图 8-1-13 填角焊接 2mm 8 段焊接路径　图 8-1-14　填角焊缝 1mm 4 段焊接路径　图 8-1-15　填角焊缝 4mm 8 段焊接路径

7. 设置并生产工程图

1）设置焊缝的焊接材料

在设计树中展开"焊接文件夹"，右键选中 1mm 填角焊缝，在弹出的快捷菜单中选择"属性"弹出"焊缝属性"对话框，在"焊接材料"文本框里输入"结构钢焊条"，单击"确定"按钮完成设置，其他焊缝自行设置。

2）设置切割清单属性

（1）在设计树中展开"切割清单"文件夹，对清单里各个子项进行重命名，切割清单名称如图 8-1-16 所示。

（2）右键选中"角撑板"文件夹，单击"属性"进入"切割清单属性"设置，在"属性名称"下单击"键入新属性"，新建一行属性，选择"说明"为该栏的属性，"类型"选择文字，"数值 / 文字表达"直接输入"长边"，接着双击创建的第一块角撑板，显示尺寸，再选择标注为 125 的尺寸，此时系统会将该尺寸的变量名和路径自动输入"数值 / 文字表达"框中，接着在该框中继续输入"短边"两字，用同样方法选择标注为 25 的尺寸，便可给角撑板设置截面属性。

（3）单击"键入新属性"，新建第二行属性。选择"重量"为该栏的属性，"类型"选择文字，"数值 / 文字表达"选择"质量"，单击"确定"按钮完成属性设置。其他属性请自行添加，完成后的切割清单属性如图 8-1-17 所示。

	属性名称	类型	数值 / 文字表达	评估的值
1	MATERIAL	文字	"SW-Material@@@角撑板5@零件1.SLDPRT"	材质 <未指定>
2	QUANTITY	文字	"QUANTITY@@@角撑板5@零件1.SLDPRT"	4
3	说明	文字	长边"D12@角撑板1@零件1.SLDPRT"短边"D13@角	长边125.00短边25.00
4	重量	文字	"SW-Mass@@@角撑板5@零件1.SLDPRT"	106.25
5	<键入新属性>			

图 8-1-16　切割清单名称　　　　　　　　　　　图 8-1-17　切割清单属性

3）新建工程图

（1）在打开焊件零件的同时，执行"文件"→"新建"→"工程图"命令，单击"确定"按钮进入工程图绘制，双击"打开文档"下显示的零件，配置三视图。

（2）执行"插入"→"表格"→"焊件切割清单"命令，选择主程图为指定模型，采用默认的表格模板，选择"附加到定位点"，其他选项默认，单击"确定"按钮生成切割清单表格。再设置定位点，展开设计树的图纸格式 1，右击"焊件切割清单定位点 1"，单击"设定定位点"，然后选择如图 8-1-18 所示的点为切割清单定位点即可。再单击切割清单表格左上角，弹出"表格设置"对话框，在"表格位置"中选择"右下"，单击"关闭对话框"，完成表格设置，切割清单位置设置如图 8-1-19 所示。

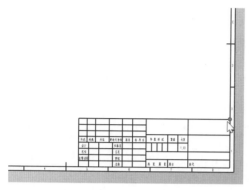

图 8-1-18　切割清单定位点

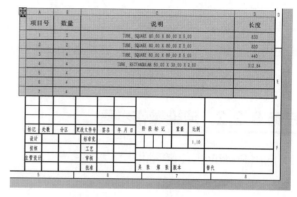

图 8-1-19　切割清单位置设置

（3）执行"插入"→"表格"→"焊接表"命令，选择主程图为指定模型，采用默认的表格模板，取消选择"附加到定位点"，其他选项默认，单击"确定"按钮，此时在图中空白地方单击要作为定位点的地方，生成焊接表。

（4）执行"插入"→"注解"→"自动零件序号"，所有选项默认，单击"确定"按钮，完成零件序号的添加，保存零件，得到焊件的工程图。至此，建模完毕。

方形座架焊接建模演示视频

任务 8.2　电灯泡模型渲染

任务描述

渲染一般应用于建模制作过程中的收尾阶段，通常在进行了建模、设计材质、添加灯光或制作一段动画后，需要进行渲染。SolidWorks 2020 提供的渲染功能十分强大，用户操作起来方便、快捷，能使渲染的模型达到逼真的效果。本任务来制作电灯泡模型渲染效果，如图 8-2-1 所示。

电灯泡模型渲染项目文件

图 8-2-1　电灯泡模型渲染效果

子任务 8.2.1　渲染思路分析

电灯泡渲染图像的质量要求比较高，且渲染效果非常逼真，特别是使用场景光源可以使电灯泡、地板都产生反射效果。电灯泡模型渲染思路：①启用 PhotoView 360 插件；②给电灯泡设置外观，并设置其属性；③设置渲染所用布景并设置其属性；④添加点光源并设置其属性；⑤渲染零件，保存效果图为 JPG 格式。

子任务 8.2.2　渲染操作步骤

1. 启用 PhotoView 360 插件

（1）PhotoView 360 是一个 SolidWorks 插件，可对模型进行具有真实感的渲染。它随 SolidWorks 安装后并不会自动出现在用户界面上，用户必须自己去加载这个插件。执行"工具"→"插件"命令，在弹出的"插件"对话框中勾选"PhotoView 360"，如图 8-2-2 所示，然后单击"确定"按钮即可添加插件。

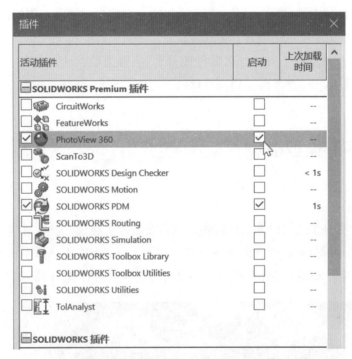

图 8-2-2　勾选" PhotoView 360"

（2）打开零件模型，选择提前准备好的电灯泡渲染文件。因为添加了 PhotoView 360 插件，所以在" SolidWorks 插件"工具栏中会出现" PhotoView 360"图标，单击该图标启动 PhotoView 360。这时，"SolidWorks 插件"工具栏旁边就会多一个"渲染工具"工具栏。

2. 应用外观

1）对电灯泡应用外观

（1）单击"外观、布景和贴图"按钮，依次展开"外观""辅助部件""图案"文件夹，然后选择"方格图案 2"，并将其拖动至绘图区中的地板实体模型中，将外观应用到地板的特征上。即在弹出的关联菜单中单击"输入 20"按钮。也可以将此外观应用到地板的"面"或"实体"上。对地板应用外观如图 8-2-3 所示。

（2）单击"外观、布景和贴图"按钮，依次展开"外观""玻璃""光泽"文件夹，然后选择"透明玻璃"，并将其拖动至绘图区中，将外观应用到电灯泡球面特征中，对电灯泡球面应用外观如图 8-2-4 所示。

图 8-2-3 对地板应用外观

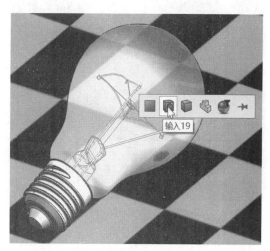

图 8-2-4 对电灯泡球面应用外观

（3）继续拖动此外观图形给灯丝架应用外观，对灯丝架应用外观如图 8-2-5 所示。

（4）单击"外观、布景和贴图"按钮，依次展开"外观""光 / 灯光""区域光源"文件夹，然后选择"区域光源"，并将其拖动至绘图区中，将外观应用到灯丝特征中。由于灯丝由 4 部分构成，所以一共要拖 4 次，对灯丝应用外观如图 8-2-6 所示。

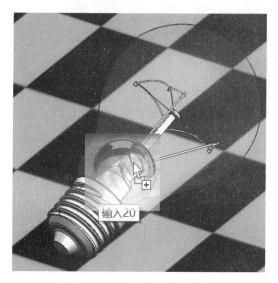

图 8-2-5 对灯丝架应用外观

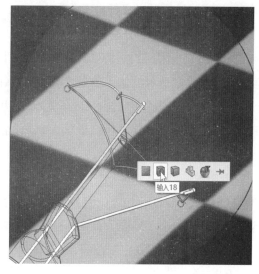

图 8-2-6 对灯丝应用外观

（5）依次展开"外观""金属""锌"文件夹，然后选择"抛光锌"外观，并将其拖动至绘图区中，将外观应用到灯头特征中，对灯头应用外观如图 8-2-7 所示。

（6）依次展开"外观""石材""粗陶瓷"文件夹，然后选择"陶瓷"外观，并将其拖动至绘图区中，将外观应用到灯头绝缘体的面上，不是特征，对灯头绝缘体应用外观如图 8-2-8 所示。

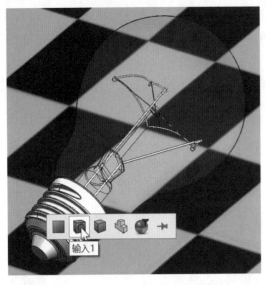

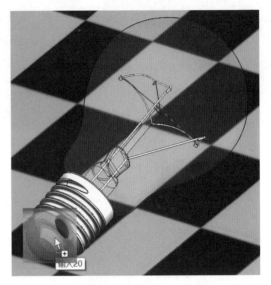

图 8-2-7　对灯头应用外观　　　　　　　　　　　图 8-2-8　对灯头绝缘体应用外观

2）编辑外观

接下来对刚设定好的外观进行颜色更改和照明度的调整。

（1）单击绘图区左边的"Display Manager"标签，选择"查看外观"，右击"陶瓷"，在弹出的快捷菜单中单击"编辑外观"进入编辑。在面板中选择"基本"，为陶瓷选择"黑色"作为其颜色，单击"确定"按钮。

（2）在"查看外观"中右击"透明玻璃"，单击"编辑外观"进入编辑。在面板中选择"高级"，切换到"照明度"，然后设置"折射指数"为1.55，"透明度"设置为1.0，其余默认，单击"确定"按钮。

（3）在"查看外观"中右击"方格图案2"，单击"编辑外观"进入编辑。在面板中选择"高级"，切换到"照明度"，然后设置"漫射量"为0.5，设置"光泽度"为0.5，设置"反射度"为0.3，设置"发光强度"为0，其余选项默认，单击"确定"按钮。

（4）在"查看外观"中右击"区域光源"，单击"编辑外观"进入编辑。在面板中选择"高级"，切换到"照明度"，然后设置"反射量"为0，设置"透明量"为0，设置"发光强度"为4，其余选项默认，单击"确定"按钮。

3. 应用布景

在"Display Manager"下，选择"查看布景、光源和相机"，右击"布景"，在弹出的快捷菜单中单击"编辑布景"，单击"外观、布景和贴图"按钮，依次展开"布景""工作间布景"文件夹，选择"灯卡"，单击对话框中的"确定"按钮，完成布景的应用。

4. 应用光源

在"Display Manager"下，选择"查看光源、相机与布景"，右击"光源"文件夹，在弹出的快捷菜单中选择"添加点光源"，在弹出的面板中设置"明暗度"和"光泽度"都为0.5，勾选"锁定到模型"，然后在绘图区中拖动点光源如图8-2-9所示，单击"确定"按钮，完成点光源的添加。

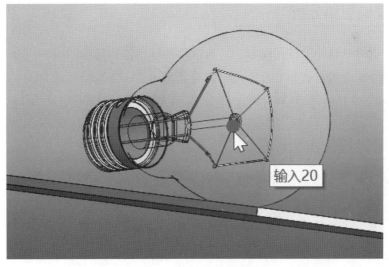

电灯泡模型渲染演示视频

图 8-2-9　拖动点光源

5. 渲染和输出

执行"渲染工具"→"最终渲染"命令渲染模型，经过一定时间的渲染进程后，完成渲染。然后单击"保存图像"按钮或者单击"渲染到文件"按钮，输入文件名称后便可得到图片文件，设置图片格式为 JPG。

任务 8.3　篮球模型特写渲染

任务描述

利用 SolidWorks 2020 对篮球模型进行特写渲染，篮球模型特写渲染效果如图 8-3-1 所示。篮球是皮革或塑胶制品，表面具有粗糙的纹理，在其渲染的效果图像中，场景、灯光、材质要合理搭配，地板上要反射篮球，光源要有阴影效果，使渲染后的篮球模型达到以假乱真的地步。

篮球模型特写渲染项目文件

图 8-3-1　篮球模型特写渲染效果

子任务 8.3.1 渲染思路分析

篮球模型特写渲染的思路：①打开模型，对地板、篮球实体和篮球凹槽应用外观；②编辑篮球表面皮革外观和地板外观；③应用布景并更改颜色，并设置其属性；④编辑环境光源，添加聚光源并设置属性；⑤启动 PhotoView 360 插件并渲染零件，保存效果图为 JPG 格式。

子任务 8.3.2 渲染操作步骤

1. 应用外观

打开提前准备好篮球实体文件和地板实体文件。

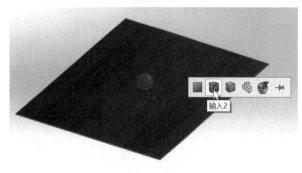

图 8-3-2 对地板应用外观

1）对地板应用外观

单击"外观、布景和贴图"按钮，依次展开"外观""有机""木材""柚木"文件夹。选择"缎料抛光柚木 2"，并将其拖动至绘图区中，将外观应用到地板特征中，对地板应用外观如图 8-3-2 所示。

2）对篮球应用外观

依次展开"外观""有机""辅助部件"文件夹，然后选择"皮革"，并将其拖动至绘图区中，将外观应用到篮球实体中，对篮球应用外观如图 8-3-3 所示。

3）对篮球凹槽应用外观

依次展开"外观""油漆""喷射"文件夹，然后选择"黑色喷漆"，并将其拖动至绘图区中，将外观应用到篮球凹槽中，对篮球凹槽应用外观如图 8-3-4 所示。由于凹槽不是一个整体面，因此需要多次对凹槽应用"黑色喷漆"外观。

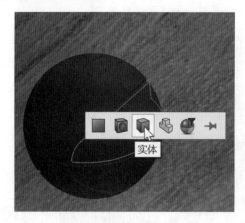

图 8-3-3 对篮球应用外观

图 8-3-4 对篮球凹槽应用外观

如果一个外观要应用在多个面上，可以先复制外观，再按住"Ctrl"键选择需要应用外观的面，然后右击表面，粘贴外观即可，复制粘贴的过程如图 8-3-5 所示。

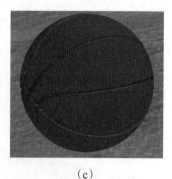

（a）　　　　　　　　　　（b）　　　　　　　　　　（c）

图 8-3-5　复制、粘贴外观的过程

（a）复制外观；（b）粘贴外观；（c）完成外观

2. 编辑外观

1）编辑皮革外观

在"Display Manager"下，选择"查看外观"，右击"皮革"，在弹出的快捷菜单中单击"编辑外观"进入编辑。在"基本"中设置"颜色/图像"，为皮革选择红色，在"高级"中设置"照明度"，设置"漫射度"为 0.2，设置"光泽度"为 0，设置"反射度"为 0，其余选项默认，最后单击"确定"按钮完成编辑。

2）编辑地板外观

在"Display Manager"下，选择"查看外观"，右击"缎料抛光柚木 2"外观，在弹出的快捷菜单中单击"编辑外观"进入编辑。在"缎料抛光柚木 2"属性管理器中的"高级"设置"照明度"，设置"漫射度"为 1，设置"光泽度"为 0，设置"反射度"为 0，其余选项默认，最后单击"确定"按钮完成编辑。

3. 应用布景

（1）在"Display Manager"中，选择"查看布景、光源与相机"，右击"布景"，在弹出的快捷菜单中单击"编辑布景"，弹出"布景编辑器"属性管理器。

（2）在"管理程序"下选择"基本布景"，然后在右边展开的布景中选择"单白色"布景，再单击对话框中的"应用"按钮，完成布景的应用。

（3）在"背景"下选择"颜色"的背景选项，单击"颜色"的颜色框，然后在对话框中选择"黑色"作为背景颜色，最后单击"应用"按钮，完成布景的编辑。

4. 应用光源

1）编辑环境光源

在"Display Manager"下，选择"查看布景、光源和相机"，展开"光源"文件夹，右击"环境光源"，在弹出的快捷菜单中单击"属性"，弹出"环境光源"属性管理器设置"环境光源"的值为 0.05，然后单击"确定"按钮。用同样方法把"线光源 1"和"线光源 2"的"环境光源"都设置为 0，"明暗度"设为 0.1。

2）添加聚光源

选择"布景、光源和相机"，右击"光源"文件夹，在弹出的快捷菜单中单击"添加聚光源"，在"聚光源"属性管理器中，设置"环境光源"为 0，设置"明暗度"为 1，设置"光泽度"为 0，勾选"锁定到模型"，将绘图区的红色点拖到篮球表面上，缩小绿色光源圈，并把聚光源的黄色发光点移动到如图 8-3-6 所示的位置。然后单击" PhotoView"，勾选"在 PhotoView 中打开"，设置"明暗度"为 2w/srm^2，其余选项默认，单击"确定"按钮，完成聚光源的添加。其中，该面板的" PhotoView"标签只有在 PhotoView 插件已经启动的前提下才会出现，否则没有该标签。

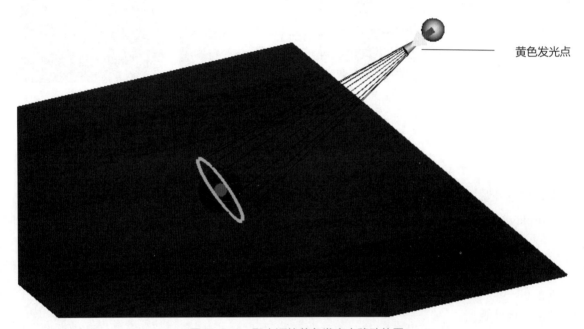

黄色发光点

图 8-3-6　聚光源的黄色发光点移动位置

5. 渲染和输出

篮球模型特写渲染演示视频

（1）启动" PhotoView 360"插件，单击"渲染工具"工具栏，然后单击"最终渲染"按钮开始渲染模型。经过一定时间的渲染进程后，完成了渲染。至此，渲染完毕。

（2）然后单击"保存图像"按钮或者单击"渲染到文件"按钮，输入文件名称后便可得到图片文件，设置图片格式为 JPG。最后单击"保存"按钮，将渲染结果保存。

任务 8.4　夹具动画设计

任务描述

动画制作功能自 SolidWorks 2001 起就有，在 SolidWorks 2020 中位于内置的 motion 插件中，该功能秉承 SolidWorks 一贯的简便易用的风格，可以很方便的生成工程机构的演示动画，使原本呆板的设计成品动起来，用最简单的办法实现了产品的功能展示，增强了产品的竞争力。

本任务利用 SolidWorks 2020 为如图 8-4-1 所示的夹具装配模型设计动画。

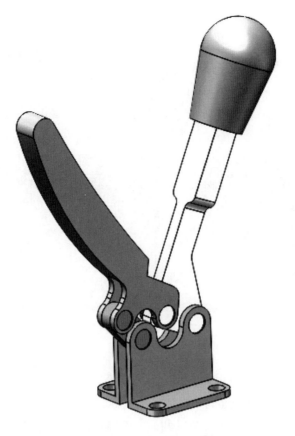

夹具设计动画项目文件

图 8-4-1　夹具装配模型

子任务 8.4.1　动画制作思路分析

实际工作中，按下夹具柄，夹具执行机构随之下压的动作就完成了。夹具装配模型动画制作思路：①生成新运动算例；②设置时间长度，根据动画序列的时间长度拖动时间滑杆到指定位置；③设置关键帧，改变夹具的状态并将状态更新到关键帧；④采用动画向导；⑤播放并保存动画。

子任务 8.4.2　动画制作操作步骤

1. 生成新运动算例

右击工具栏空白处，添加"Motion Manager"工具栏，单击"Motion Manager"工具栏的"运动算例 1"进入动画制作，或者右击"运动算例 1"来生成新运动算例。制作动画前首先分析机构的自由度，整个夹具有一个自由度，在实际工作中，夹具柄作为原动件。

2. 设定时间长度

切换到"运动算例 1"标签，切换到动画制作界面。动画制作的时间轴上第一行为动画总时间，将夹具柄的放松状态作为初始状态，单击总时间码键使其处于选中状态，然后拖动该键码到 4 秒处，设置动画总时间为 4 秒，如图 8-4-2 所示。

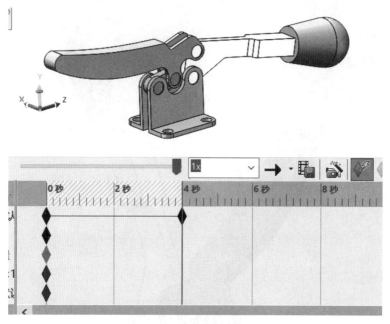

图 8-4-2　设置动画总时间为 4 秒

3. 设置关键帧

移动时间滑杆到 4 秒关键帧处来设定这时刻的夹角状态，接着在工作区域用鼠标移动夹具柄到夹紧状态，单击动画工具栏中"添加 / 更新键码"按钮。用鼠标将当前时间轴线拖动到 4 秒处，右击关键帧，选择"替换键码"。此时状态栏中出现两个关键帧，一个简单的夹具夹紧动画就设计完成了。对已存在的关键帧可以执行剪切、复制、粘贴或删除的操作。

4. 动画向导

刚才所做动画的方法是"点到点"动画，SolidWorks 2020 提供的动画向导可以完成装配过程、拆卸过程、旋转模型、爆炸和解除爆炸等几种工程中常用到的动画。"旋转模型"动画是任何条件下都可以制作的，而"爆炸"和"解除爆炸"需要在装配图设定爆炸路径后才能制作。

单击"动画向导"按钮，如图 8-4-3 所示，进入简单动画的制作。选择"旋转模型"，单击"下一页"；"选择 – 旋转轴"选择"Y– 轴"，让零件绕着 Y 轴旋转，"旋转次数"自己定义，一般为 1，选择"顺时针"，单击"下一页"；设置"时间长度（秒）"为 3，设置"开始时间（秒）"为 4，也可以自定义为动画一开始就旋转，即设置"开始时间（秒）"为 0，其他情况请自行设定，可以获得不同效果。

图 8-4-3　单击"动画向导"按钮

5. 播放并保存动画

单击"计算"按钮 🖫 ，再单击"播放"按钮就可以查看效果。

添加完所有关键帧以后，需要将当前的动画以 .avi 格式保存下来。单击"保存动画"按钮，系统会弹出"保存动画到文件"对话框，如图 8-4-4 所示，默认录制整个动画。

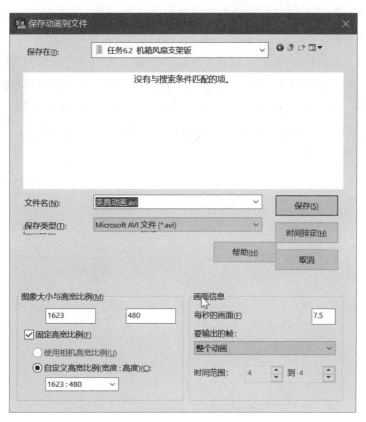

图 8-4-4 　"保存动画到文件"对话框

特别提示

动画制作的方法很多，有点对点动画、简单动画和高级动画之分，其操作方法类似，只是生成方法不同而已。如果要插入多个关键帧，可以在时间节点处右击，插入键码。时间轴所在就是位置状态体现，即那个时间轴是在该时刻设定的状态。

拓展阅读

靳小海：玩转数控车床的全国技术能手

2007 年初，凌云太行公司承担了时速 350 公里"和谐号"CHR3 动车组制动器关键部件国产化的试制攻关任务，靳小海是这项任务的参与者之一。这批关键部件包括大小螺栓在内的 7 种产品，由厂家供应原料和设计图纸，全部采用德国标准制造。"打破垄断，为高铁制动系统拧上'中国螺栓'，再苦再累也值得！"靳小海放弃了所有休息日，以对自己近乎苛刻的狠劲，化解工艺、参数、工装方面出现的一个个难题。

340mm 长的不锈钢材质螺栓硬度大，用普通刀具加工，磨损厉害且易折断，致使产品加工精度公差远远超出标准。更主要的是，由于缺乏相关生产参数，无法实现批量生产。为找到适合加工不这种螺栓的刀具，靳小海找来瑞典、美国、以色列等国的 30 多种刀具逐一进行切削试验；为了解决螺纹齿尖儿倒圆的难题，他连续奋战近一个月；为控制 0.02mm 的公差，靳小海创造性地摸索出一套"两步走"螺栓加工工艺……经过半年多的紧张会战，靳小海试制出的 7 种产品全部达到德国铁路行业检测标准，打破了国外垄断，自此，中国高铁拧上了"中国螺栓"。

从事数控加工以来，靳小海创造了安全生产零事故、送检产品一次性通过、工艺试制零废品等多项纪录，他先后参与完成军品、"复兴号"高铁、城铁、标动产品、青藏铁路等产品系列的科研攻关工作，总结形成"正反双刀加工短齿梯形螺纹""数控车床铰深小孔方法"和"深孔内螺纹刀具设计方法"等技能成果，累计完成新产品工艺试制 173 项，实现产值 4000 万元；发表《深孔梯形内螺纹刀具设计及车削工艺改进》等多篇论文，拥有《一种车床不停车抛光夹具》等 5 项实用新型专利。

"荣誉都是过去的事儿了，没有新东西，照样被新技术抛弃。"如今，站在新时代技术职工队伍前列的靳小海，又有了新的更大的目标……

（资料来源：央视网，有删改）

参考文献

[1] DS SOLIDWORKS 公司 .SOLIDWORKS® 零件与装配体教程（2020 版）[M].北京：机械工业出版社，2020.

[2] DS SOLIDWORKS 公司 .SOLIDWORKS® 高级曲面教程（2020 版）[M].北京：机械工业出版社，2020.

[3] DS SOLIDWORKS 公司 .SOLIDWORKS® 工程图教程（2020 版）[M].北京：机械工业出版社，2020.

[4] CAD/CAM/CAE 技术联盟 .SOLIDWORKS 2020 中文版机械设计从入门到精通 [M] .北京：清华大学出版社，2020.